国家级特色专业

广州美术学院工业设计学科系列教材

童慧明　陈江　主编

Corresponding Design of Home Textile

家居纺织品配套设计

林绮芬　霍　康　编著

图书在版编目（CIP）数据

家居纺织品配套设计 / 林绮芬，霍康编著 . —北京：北京大学出版社，2016.8
（国家级特色专业・广州美术学院工业设计学科系列教材）
ISBN 978-7-301-27012-7

Ⅰ.①家…　Ⅱ.①林…　②霍…　Ⅲ.①家用织物—设计—高等学校—教材
Ⅳ.①TS106.3

中国版本图书馆CIP数据核字（2016）第067538号

书　　名　家居纺织品配套设计
　　　　　　JIAJU FANGZHIPIN PEITAO SHEJI
著作责任者　林绮芬　霍　康　编著
责 任 编 辑　赵　维
标 准 书 号　ISBN 978-7-301-27012-7
出 版 发 行　北京大学出版社
地　　址　北京市海淀区成府路205号　100871
网　　址　http://www.pup.cn　　新浪微博：@北京大学出版社
电 子 信 箱　pkuwsz@126.com
电　　话　邮购部 62752015　发行部 62750672　编辑部 62752022
印 刷 者　北京中科印刷有限公司
经 销 者　新华书店
　　　　　　720毫米×1020毫米　16开本　11.5印张　167千字
　　　　　　2016年8月第1版　2016年8月第1次印刷
定　　价　52.00元

目 录

总 序

设计教育的本质，是培养具有整合创新能力的人才。历经 30 年的持续发展与扩张，中国设计院校虽以近 230 万在读大学生的总量规模高居世界第一，但在培养的学生的质量水平上则与欧美发达国家仍有较大差距。

一段时间以来，许多专家学者均对如何提升中国设计教育水平发表过各种建议与评论，尤其是关于教材建设的意见甚多。于是，过去 10 年来由一些重点高校的著名教授牵头主编、若干知名出版社先后出版了许多列入“十五”“十一五”规划建设的系列教材，造就了设计出版物的繁荣景象。然而，在严格意义上，这些出版物更类似于教学参考书，真正能在实际教学中被诸多高校普遍采用，具有贴近教学现场的课程内容、知识结构、课时规划、作业要求、作业范例、评分标准等符合设计类专业教学特性要求的授课范式，并经过多次教学实践磨砺出的教材则如凤毛麟角。

整体观察这些出版物，在三大本质特性上存在突出弱点：

1. 系统性。虽有不少冠之为“系列教材”，但多数集中在设计基础、设计史论类教学参考书范畴，少有触及专业设计、专题设计课程的教材。而且，这些系列教材基本是由某位教授、学者作为主编，组织若干所院校的作者合作编写，并不是体现一所院校完整的教学理念、课程结构、课程群关系、授课模式特色的系统化教材。

2. 原创性。毋庸讳言，虽就单本教材来说，不乏少量基于教师多年教学经验、汇聚诸多教研心血的佳作，但就整体面貌来看，基于计算机平台的“拷贝 + 粘贴”取代了过去的“剪刀 + 糨糊”的教材编写模式，在本质上没有摆脱抄袭意图明显的汇编套路，多数是在较短时间内“赶”出来的“成果”，自然难有较高质量。

3. 迭代性。设计是一门培养创新型人才的学科，大胆突破、迭代知识是设计教育的本色，不仅要贯彻于教学过程中，更要体现于教材的字里行间。这种将实验探索与精进学问相融合的治学态度，尤其需要映射于专业设计类教材的策划与撰写中。这种迭代性既应体现出已有的专业设计类课程授课内容、架构与目标的革新力度，也需反映出新专业概念对传统设计专业知识结构的覆盖、跨界、重组、变异趋势。例如交互设计、服务设计、CMF 设计等新专业设计类别，尽管在设计业界的实践中已快速崛起，但在明显已落伍的设计教育界，目前尚无成熟的专业教学系统与教材推出。

“国家级特色专业·广州美术学院工业设计学科系列教材”，是一套以“‘十二五’重点规划教材”为定位，以完整呈现优秀院校学科建构、课程特色、教学方法为目标的系统教材。首批计划书目 38 册，分为“设计基础”“专业设计基础”“专业设计”三大类别，汇聚了“工业设计”“服装设计”与“染织设计”三个专业教学板块的任课教师在设计基础教学、专业设计基础教学、专业设计工作室教学中长期致力于新课程创设、迭代更新教学内容、提纯优化教学方法等方面所做的实验与探索性成果。它们经过系统总结与理论升华，凝结为更加科学、具有前瞻意识与推广价值的实用教材。

广州美术学院是国内最早开展现代设计教育的院校之一。工业设计学院作为拥有“国家级特色专业”“省级重点专业”“省级教学质量奖”荣誉，集聚了一大批优秀教师的人才培养平台，秉承“接地气”（与产业变革需求对接）的宗旨，以“面向产业化的设计教育”为准则，自 2010 年末以来，整合重构了三大专业板块，在本科教学层面先后组建了 5 个教研室、14 个工作室，明确了每个教研室与工作室的细化专业方向、教学任务与建设目标，并把“创新设计”作为引领改革的驱动力与学院的核心理念。

创新设计，是将科学、技术、文化、艺术、经济、环境等各种因素整合融会，以用户体验为中心，组建开放式的知识架构，将内涵由产品扩展至流程与服务、更具原创特性的系统性设计创造活动。以此为纲领，工业设计学院在充分认知珠三角产业结构特点的前提下，提出了“更加专业化”与“更具创新力”的拓展目标，强调“更加专业化以适应产业变革，更富创新力以输出原创设计”，清晰定位了自身的发展方向：培养高质量的本科生，输出符合产业需求的“职业设计师”。

“工作室制”与“课题制”互为支撑、互相依存的系统建构，已成为广州美术学院工业设计学院的新教学模式与核心特色。这种模式在激发教师产学研

广州美术学院工业设计学院本科教学架构图

2013 年 10 月 V2.0 版

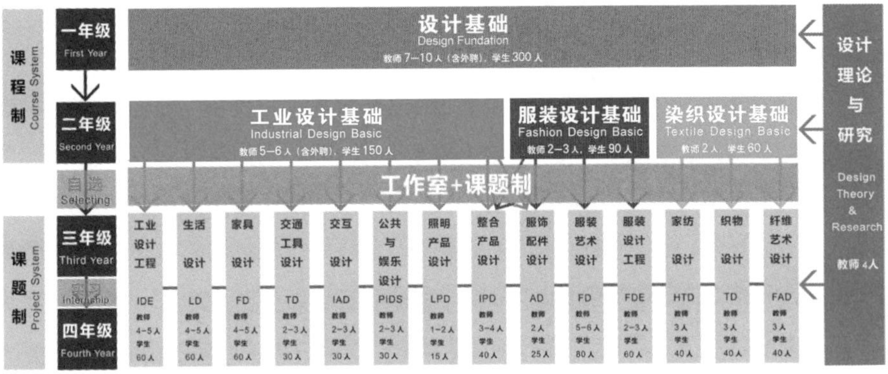

课程制 Course System

一年级 First Year

设计基础 Design Fundation 教师 7—10 人（含外聘），学生 300 人

二年级 Second Year

工业设计基础 Industrial Design Basic 教师 5—6 人（含外聘），学生 150 人

服装设计基础 Fashion Design Basic 教师 2—3 人，学生 90 人

染织设计基础 Textile Design Basic 教师 2 人，学生 60 人

自选 Selecting

工作室+课题制

课题制 Project System

三年级 Third Year

实习 Internship

四年级 Fourth Year

工业设计工程 IDE 教师 4-5 人 学生 60 人

生活设计 LD 教师 4-5 人 学生 60 人

家具设计 FD 教师 4-5 人 学生 60 人

交通工具设计 TD 教师 2-3 人 学生 30 人

交互设计 IAD 教师 2-3 人 学生 30 人

公共与娱乐设计 PIDS 教师 2-3 人 学生 30 人

照明产品设计 LPD 教师 1-2 人 学生 15 人

整合产品设计 IPD 教师 3-4 人 学生 40 人

服饰配件设计 AD 教师 2 人 学生 25 人

服装艺术设计 FD 教师 5-6 人 学生 80 人

服装设计工程 FDE 教师 2-3 人 学生 60 人

家纺设计 HTD 教师 3 人 学生 40 人

织物设计 TD 教师 3 人 学生 40 人

纤维艺术设计 FAD 教师 3 人 学生 40 人

设计理论与研究 Design Theory & Research 教师 4 人

结合、吸纳产业创新资源、启动学生创造力、提升学术引导力等方面产生了巨大的整合效应，开创了全新的设计教育格局。

新的本科教学架构将四年教学任务分为两大阶段、三类课程（如上图所示）：一年级是以“通识性”为特点，打通所有专业的“设计基础”类课程。二年级是以“基础性”为特点，区分为“工业设计”“服装设计”与“染织设计”三个专业平台的“专业设计基础”类课程。这两类均以“课程制”教学模式进行。而三、四年级则是以“专业性”为特点，在 14 个工作室同步实施的“专业设计”类课程，以“课题制”教学模式进行，即各类专业设计的教学均与有主题、有目标、有成果要求的实质设计课题捆绑进行。

“课题制”教学是本套教材首批书目中占 60% 的“专业设计”类教材（23 册）的突出特色，也是当下国内设计教育出版物中最紧缺的教材类型。“课题制”，是将具有明确主题、定位与目标的真实或虚拟课题项目导入专业设计工作室平台上的教学与科研活动，突出了用项目作为主线、整合各类知识精华、为解决问题而用的系统性优势，并且用课题成果的完整性作为衡量标准，为学生完成具有创新深度、作品精度的作业提供了保障。

诸多被纳入工作室教学的课题以实验、创新为先导，以“干中学”为座右铭，强化行动力，要求教师带领学生采用系统设计思维方法，由物品原理、消费行为、潜在需求的基础层面展开探索性研究，发挥“工作室制”与“课题制”捆绑所具有的“更长时间投入”“更多资源聚集”的优势条件，以足够的时间安排（如 8—12 周）完成一个全流程（或部分）设计项目过程，培养学生真正具有既能设定目标与研究路径，又能善用各种工具与资源、提出内容充实的解决方案的综合创造能力。

以课题为主导的工作室教学，也为构建开放式课堂提供了最佳平台。各工作室在把来自产业的创新设计课题植入教学过程时，同步导入由合作企业选派的工程技术专家、市场营销专家、生产管理专家等各类师资，不仅将最鲜活的知识点带入课堂，也让课题组师生在调研、考察生产现场与商品市场的过程中掌握第一手信息，更加清晰地认知设计目标与条件，在各种限定因素下完成符合要求的设计成果，锤炼自身的设计实战能力。

为了更好地展示“课题制”与“工作室制”的教学成果，这套教材在规划定位上提出了三点要求：

1. 创新：教材内容符合教学大纲要求，教学目标明确，具有理念创新、内容创新、方法创新、模式创新的教学特色，教学中的关键点、难点、重点尤其要阐述透彻，并注意教材的实验性与启发性。

2. 品质：定位为国家级精品课程教材，达到名称精准、框架清晰、章节严谨、内容充实、范例经典、作业恰当、注释完整的基本质量要求，并充分体现教学特色，在同类教材中具有较高学术水平与推广价值。

3. 适用：编著过程中总结并升华教学经验，体现由浅入深、由易到难、循序渐进的原则，有科学逻辑的教学步骤与完整过程，课程名称、适用年级、章节层次、案例讲述、作业安排、示范作品、成绩评定等环节必须满足专业培养目标的要求，所设定的内容、案例规模与学制、学时、学分相匹配，并在深度与广度等方面符合相应培养层次的学生的理解能力和专业水平，可供其他院校的教师使用。

希望经过持续的系统构建与迭代更新，这套教材可在系统性、实验性、迭代性、实用性和学术性等方面形成突出特色，为推动中国高等学校设计教育质量的提升做出贡献。

广州美术学院工业设计学院院长　童慧明 教授

2014 年 1 月

第一部分

综述

第一章

家居纺织品

1. 家居与纺织品

建筑以坚硬的材料为人们遮风挡雨，纺织品以柔软的材质为人们构筑生活。纺织品被广泛用于客厅、卧室、厨房、盥洗室等空间，给生活带来便利，并具有美好的视觉感受。在居家环境中的多个不同使用目的的空间里，建筑只划分了区域，而真正生活其中时，人们需要有不同种类的纺织品来完善空间。例如卧室空间，常会用到窗帘——在打开窗户通风的同时能够遮挡外围的视线，保护家庭的隐私；床品——舒适的睡眠必不可少的物品，在人们熟睡的时候为身体保温，保障健康。在客厅空间，你是否会觉得坐在红木座椅上时硬邦邦的，或者在冬天里觉得坐着很冷？这时，布艺沙发，以及一个舒适的抱枕，更贴近人们慵懒的生活形态。浴室空间里，浴巾、毛巾是无可取代的；沐浴过后，地面免不了有水渍，吸水地垫能够解决这个问题，浴帘也可防止水花外溅，并能美化浴室。还有儿童房，尤其是婴儿室，柔软的布艺家具的使用，可防止因碰撞而受伤。

从人们的生活体验中不难发现纺织品的重要性。在欧美等国，纺织品一直因人们对家居环境的重视而发展良好，市场成熟。在国内，随着经济的发展，人们也逐渐拥有更为全面的消费观，开始关注个人家居生活质量。

那么，为什么要提出配套的概念？配套设计实际上就是将多种不同功能的家居纺织品当成一个整体来看待。单独看被套、窗帘、桌布、地毯、枕头，它们都是家居空间中的独立因素，满足生活中必不可少的御寒、挡尘、耐脏、防滑、倚靠等功能需求。但这些旧式纺织品往往只注重功能需求，却忽视了视觉上的统一与舒适。家居不是窗帘、床品等物品的简单组合。家居中物品繁多，如果各种毫无联系的单品随意堆砌，会造成花色不一、款式混乱的效果。反之，和谐而整体的家居空间会为人们带来舒适的生活体验，这种效果正是配套设计师所希望带来的。

随着对风格认识的加深，人们希望个人风格能在家居中有所体现。这种对家居风格的追求，促使今天的家居纺织品设计趋向成熟，在产品的开发上也更注重体现个性和风格。风格如何产生？就像穿衣打扮，少不了要在颜色、款式、材质等方面做仔细的配搭研究。配搭得好，个人衣着风格就产生了。同理，家居中的纺织品也需要有精心合理的配搭才能形成风格。

在今天的家居市场中，越来越多的家居整体品牌出现。由于品牌众多，产品类型相似，其要有明显的特色才能吸引顾客。为了区别于其他品牌，每个公司都会建立自己鲜明的品牌整体风格。一件单独的产品可以很有特色，但一个品牌拥有众多不同风格的独立产品时，品牌特色就会不明显，难以引起消费者注意。品牌特色的形成是通过产品来传递的，整体搭配做得好的产品，更容易将自身特色体现出来。

同时，一站式家居采购形式的兴起，也让配套纺织品大受欢迎。以往人们在一家窗帘店购买窗帘后，如果想寻找能与其在款式、花色等方面配搭较好的沙发、抱枕、桌布等产品，需在多家不同类型的店面中选购，花费大量时间与精力。而在一站式家居购物商场里，一个家居空间中的所有布艺产品，甚至包括家具、装饰品等，都已经设计出完美的配搭方式，人们在选择窗帘的同时，可以把需要搭配的同类款式及花色的床品、地毯等一并购买。

配套家居纺织品概念的出现，对当代设计师的设计能力提出了更高的要求。设计师要从整个空间入手，设计一系列的产品。对于消费者而言，将这一系列的产品购置回家，它们将构成一个舒适的家居环境，营造一种美好的生活氛围。

由于涉及使用者、使用空间、生活习惯、文化习俗等内容，设计师要灵活运用图案、色彩及材料，熟练掌握剪裁和制作技巧。可以说，家居纺织品配套设计是一个复杂的过程，因此，一些特定的设计过程被总结出来，用来帮助设计师完成设计。本书的部分内容即梳理了这些设计过程。在开始纺织品设计之前，设计师首先要明确几个概念，即为什么人，在什么空间、什么季节制作何种风格、何种价位及产品类型的纺织品。弄清楚这些问题，则明确了设计的定位。

人是纺织品的使用者，根据自身的条件和生活经验，他们对纺织品会有不同的需求；外在因素，如季节等也影响着使用者的购买行为。而作为设计师来说，设计是商品化的行为，如果设计出的产品由于定位不准确，很少人购买，就是一个失败的设计，对生产企业而言则意味着经济利益上的极大损失。 因此，在接下来的内容中，本书将分别阐述纺织品与人的关系、纺织品与季节的关系、纺织品的类别及纺织品的风格等方面的内容。

2. 人与纺织品

家居纺织品配套设计，并不能简单地以设计二字概述。因为设计师在设计过程中需要考虑方方面面的因素，例如家居生活中人与纺织品的关系，使用过程中空间与纺织品的关系，以及配套搭配中产品与产品的关系，等等。这些因素既是设计师的灵感来源，也决定了最终的产品样式。

家居纺织品为人而设计，了解人的需求是设计最基本的前提。围绕着人而制定的市场策略、档次价格、销售渠道、产品类型等，都可统称为定位，市场营销专家艾尔·赖兹（Al Ries）和杰克·屈特（Jack Trout）认为，所谓定位，就是要明确本公司商品应于何时、在何处、对哪一阶层消费者出售，以利于与别的商品展开竞争。

人的性别、年龄、职业、性格、爱好、文化习俗等是其选择纺织品的重要影响因素。这些影响因素不仅让人们在着装等方面有着明显的区别，也同样影响着人们在家居布置方面的品位和喜好。设计师要去研究这种区别，以便能够针对不同类型的人，做出有针对性的设计。

一般而言，家居纺织品的购买者多数是女性。同样的性别，由于年龄及个性的区别，各类女性在选购家居纺织品时也会有不同的考虑。一位沉稳的中年事业型女性，注重低调的品位及质感，其所选择的配套家纺产品，必然是符合其身份及消费水平的，产品品牌和材质会是其主要考虑的因素。那些流行痕迹不过于明显、品质较好、能烘托其品位的高档产品，更能吸引此类消费者的目光。而一位追求时尚快感的年轻女性，在选择配套家居纺织品时，则更注重产品是否有当下最为流行的时尚元素，对色彩及图形等视觉元素的考虑会优于品牌及品质。

儿童卧室纺织品，最适用的是可爱、活泼的图形和对比鲜明、单纯的色彩；青年人则注重纺织品在造型、色彩上的时尚个性，喜欢创意新、变化快的产品，因为青年人生命力旺盛，感觉敏锐，并且迫切需要表现自我价值，追求个性的、时尚的、新奇的、多变的设计；中年人重视纺织品所形成的高雅与含蓄的环境气氛，在追求时尚、个性的同时，也侧重实用性和科学性，显然其消费心理已趋成熟；老年人由于多年生活经历养成的习惯，加上随年龄的增长，年轻时代的远期记忆比较深刻，而对近期事物的敏感明显弱化，会更多地考虑纺织品的质量和价格，以实惠方便为主，厌弃华而不实和标新立异。

性格爱好的不同，例如户外运动爱好者，即使年龄不同，却同样推崇健康而积极的生活态度，在着装上他们喜欢简洁、鲜明的运动风格，如荧光绿、玫红等搭配黑色，显得时尚而动感，在家居上，他们也不会选择优雅的中性色，对其而言，灰色、褐色等过于安静、沉闷。反之，近些年来流行的森女系，特点是着装上喜好安静低调的自然色系，森女们较少选择艳丽的色彩配搭，而是用浊色系装点出随意且慵懒的生活形态。

文化习俗对人们生活方式的影响也会直接反映在家居中，尤其是在色彩及图案的选择上。非洲国家喜欢热烈的色彩，墙壁上常涂抹艳丽的黄色、橙色，在纺织品的选择上也倾向于此类色彩。而在日本，人们崇尚素雅的家居配色。例如墙纸，日本人喜欢使用无图案有肌理的天然材质的墙纸，此类墙

图 1-1　人们对生活有着不同的追求，对家居布置也是如此。人们只会选择自己喜欢的、适合自己的，同时也符合其经济条件的纺织品。

纸风格与日本的榻榻米居室刚好相互映衬，就像日本人含蓄、内敛的性格。中国历史悠久，人们对色彩的选择上，有禅意的清雅之色，也有喜庆的红绿等艳丽之色，对色彩的接受面较广。然而在传统习俗中，人们对用于家居的纺织品色彩及图案却是有一些禁忌的，例如窗帘和床品较少使用大量的黑色和白色，喜欢运用有吉祥意义的图案，例如牡丹、寿字纹等。

不同的年代也会造就人们不同的审美观，影响人们对纺织品的喜好。当代人的审美观与旧时人们的审美观是有很大不同的。例如在 17 世纪后半期，欧洲涌现出许多专门以花卉为题材的花卉画家，从而助长了人们对花卉的钟爱情绪。这种对花卉的狂热情绪蔓延到家居装饰，当时最流行的房间装饰是将墙面、窗幔、床品、沙发、地毯等，都布满写实花卉图案。虽然直到现在，人们仍然喜欢花卉主题的纺织品，但这种房间装饰在现代人看来是不可思议的。经历过现代主义的洗礼后，人们更趋向于简洁的室内装饰。

此外，人们对价格也是比较敏感的。市面上的家居纺织品的价格区间相差极大，有几千甚至上万元一套的床品，也有几百元的四件套。不同的价格有着不同的需求，反映在设计上，则可能是花色、材质、款式等的区别。高档价位的纺织品多用真丝、丝绵的高支高密缎面提花面料，花色丰富，款式精致，常配有裥棉、流苏、褶裥等装饰细节。价位较低的产品，则多用棉或涤棉混纺等低支低密平纹或斜纹面料，花色较为单一，款式也多为基本款，较少带装饰细节。设计师应当对不同工艺的造价及制作成本有清晰的认知，这样才能在不同的价格区间中设计出合理的产品。

除了以上提到的内容，还有很多内在及外在的因素影响着人与纺织品的关系，设计师在设计过程中要细心地观察。综合上述所有条件，可以看出，人对纺织品的选择是多种多样的。为什么人而设计，是所有设计师在开始设计之前都必须探究清楚的问题。

3. 季节与纺织品

家居配套纺织品的产品开发一般分为两季，春夏季及秋冬季。由于纺织品在家居产品中占有较大的面积，容易形成室内气氛，对人们的视觉感受产生较大的影响。设计师应该熟悉各季节室内纺织品的需求规律，并加以准确

图 1-2　纺织品给冬季的室内带来温暖。秋冬季纺织品多使用暖调或低纯度的色彩，材质多选择丰厚的羊毛、羽绒等。

图 1-3　阳光充沛的夏季，纺织品装点出家居的闲逸风情。有别于冬季的温暖丰厚，夏季产品更偏好亮丽的色彩及轻薄的材质。

的定位。

纺织品的季节定位，首先要考虑的是季节更迭对色彩的要求。一般的处理方法是，夏季纺织品多采用倾向于冷色或明度较高的清淡色彩，如淡绿、浅蓝、白色等，此时应避免采用浓烈的暖色调色彩。因为在炎炎夏日，暖色调会使人产生烦躁、闷热之感。冬季纺织品最宜选用的就是暖色调或明度较低的色彩，从而使使用者心理上产生温暖感，此时应避免浅淡的冷色系，不然会使人联想到冰雪而生寒意。春秋季的室内纺织品色彩，其定位区域较宽泛，但大都选用不温不凉的中间色。在南方，春秋季较短，季节变化不明显，因此，企业通常都是推出春夏季及秋冬季两季产品，色彩上也是以清爽及温暖两种色调来区分。

产品的季节定位除了影响到产品的色彩，还涉及材质。春夏季的产品常用棉麻丝的薄型材料，例如轻薄的窗纱及床围幔帐可以阻挡蚊虫，又不会使室内闷热。而冬季产品则偏好羊毛、腈纶、棉、绒、呢等厚实的材料，可以温暖家居。例如毛料、针织做成的毯子，可以随时用于床上、沙发上。

第二章

纺织品的类别

1. 帘幕类

帘幕类纺织品常见类别有门帘、窗帘、纱帘、百叶窗、竹帘、珠帘、卷帘、帷幔、隔断帘、帘帐等。

家居中最常使用的是窗帘，窗帘多用于落地门及窗户，在居室中占有较大的面积，尤其是在客厅及卧室，窗帘起到挡尘、遮挡阳光、分隔视线、保温、隔音等作用，是居室中不可缺少的一部分。窗帘的材料以化纤面料居多，这是由于窗帘经常被阳光照射以及受潮，天然面料容易出现霉点及虫蛀，而化学纤维经过加工处理，可以防止此类情况。窗帘由于是悬挂于墙体上的，不像床品那样与人有密切接触，因此在材料及工艺的选择上相当广泛。其中，窗帘印花工艺是最为常见的，从印花工艺衍生出的烂花工艺可以做出半镂空效果的窗帘和窗纱，植绒工艺可以使图案显得更为立体。大提花工艺织造而成的面料也最常用于窗帘，既有丰富的图案及肌理装饰效果，还可以通过工艺织造出立体感。近些年来，由于机器绣花工艺的成熟，回位图案的绣花帘也十分流行。此外，激光切割工艺被广泛应用，利用激光切割使面料形成镂空的图案，此类独特的窗帘装饰效果也很常见。

（右页图）图 2-1　各种材质的窗帘与隔断帘

隔断帘一般用在居室内部，用于分割区域、遮挡视线或装饰等。隔断帘多用于空间较大的室内环境，例如为别墅、酒吧、餐厅等，以划分空间。隔断帘类型众多，一般不用于遮挡阳光，主要用于装饰和美化室内空间，因此使用的材料及款式类型比窗帘更为丰富。例如线帘和珠帘，线帘是使用线材并排而成的垂直悬挂帘，珠帘则是用线穿成一条条串珠构成的，人们可从中自由穿行。其既能分割空间，又不会让空间显得狭小和拥堵。还有用金属细圈或纸张拼嵌而成的隔断帘，例如美国的 Whiting & Davis 公司的金属帘，虽然是由铝、黄铜、不锈钢等材质制作的，却有着丝绸般的滑面效果及闪亮的光泽。

百叶窗、竹帘作为非面料材质的窗帘类型，多数用于阳台与办公空间，常年气候较热的区域也喜好使用这类窗帘。这类窗帘透气性好，便于清洁。卷帘多用于家居的阳台、洗浴室，也有把其作为内帘使用的。办公空间及学校等公共空间也较多地使用卷帘。

帘幕类家居纺织品除了窗帘，还有门帘及床幔。传统中式门帘是作为内室的门使用的，而现代家居中则较少使用门帘。欧洲使用的传统床幔用于带有篷盖的床上，从蓬盖上垂下，显得雍容华贵，现在人们较少使用如此体积庞大的床幔，转而在床背的墙面上做一个简单轻巧的床幔架，大多用于装饰。现代家居中最常见的床幔形式是蚊帐。

一套窗帘通常由几个部分组成，分别为帘头、外帘、内帘、帘杆、帘带或帘栓。

帘头：是在帘的顶端，起装饰作用的部分，有水波帘头、平脚帘头、帘头盒等形式，常见于较为古典及田园风格的窗帘款式中。带有帘头的窗帘看起来较为华丽，常用于简欧、新古典装修风格的家居内。波浪式及带有流苏的帘头，让窗帘与家居的装饰显得更配套整体。但过于繁重的帘头却容易显得臃肿，因此在简约风格的室内空间内，要避免使用繁重的帘头。现代样式的窗帘则较少使用帘头，常用简单的垂帘款式或者是卷帘。没有帘头的窗帘外帘直接悬挂于帘杆上，挂帘的方式有打孔穿杆式、绑带式、挂带式、帘杆穿通式、挂钩式等多种固定手法。这些固定手法同时也是一种装饰手法，不

图 2-2　一套窗帘通常由几个部分组成，分别为帘头、外帘、内帘、帘杆、帘带或帘栓。有帘头的窗帘显得较为古典，而不带帘头的窗帘则显得现代。帘带和帘栓有点睛的装饰作用。

同的固定方式可使帘身形成不同的褶皱。

外帘：现代家居中常用垂褶帘和罗马帘，依据安装的方式，可以分为明杆式、隐杆式、隐装式、轨道式等。外帘一般使用的是半透光或不透光的较厚的面料，如需要完全遮光的效果，则会在外帘内侧附加遮光帘，也有些遮光帘是直接复合在外帘背面的。较为寒冷的地区，外帘十分厚实，可为室内保温；而热带地区则使用较为轻薄的面料，或者采用竹帘、珠帘或直接使用纱帘。

内帘：也称为纱帘，为半透明面料，通常与外帘搭配使用。纱帘的材质有棉纱、涤纶纱、麻纱等，多数以平纹织造，轻薄透气，起遮挡视线及装饰的作用，并不遮光。

帘杆、帘带、帘栓：这三类物品主要是作为窗帘的配件。帘杆用于悬挂外帘和内帘，帘带和帘栓则是用于掀起窗帘后加以固定，通常两者搭配使用。帘杆的样式有多种，根据窗帘风格的不同而变化。一般为黑色或白色，帘杆两侧不带装饰头而只有一个简单封口的，多为现代样式；而为铜色、黑色或金色，且帘杆两侧带有装饰头的，多为古典样式。

如前图所示，窗帘通过帘身及配件的搭配，可以装饰房屋的窗口位置。窗帘因占有空间面积较大，在家居纺织品配套设计中是极为重要的部分，而且是较为显眼的装饰部分，尤其是落地窗的窗帘。因此，设计师必须了解不同窗帘的功能作用，以及装饰细节带来的风格变化。此外，对窗帘的结构和制作也需要十分了解，因为在国内的家居设计中，窗户没有一个既定的尺寸标准，因此窗帘较少制成成品直接出售，基本上都需要订制。

2. 床品类

卧室空间中最不可缺少的纺织品是床上用品。床品与人们的睡眠息息相关，床品设计得舒适与否，对人们的生活质量及健康都有很大的影响。床品包含抱枕、靠枕、枕头、被套、被单、被子、毛毯、床单、床笠、床裙、床罩、床盖、席子等众多类别。最常见的床上用品，例如四件套，是双人床中最为基础的床品，包含两件枕套、一件被套、一件床单。四件套以上的床上用品，功能更为多样，例如可以凭靠的靠枕、可以挡尘的床盖等，它们不仅增加了使用者的舒适体验，还起到美化卧室的作用。

床品的种类很丰富，并且有着不同的用法：被套用于装入被芯，在人们睡眠时有保暖作用。被单是指夹于被子与使用者之间的单层纺织品，在西方家居中使用得较多，国内则在酒店客房床品中最为常见，起到隔离被子与使用者的作用。由于被单只是一层片状纺织品，比被套更易于更换清洗。床单或床笠是披在床垫之上的，便于保洁与拆卸清洗。床单一般为片状，铺陈在

图 2-3　床品是卧室的主角。床品如衣服般，适应人们不同的风格喜好。舒适的床品带来优质的睡眠，因此人们越来越重视床品的选择。

床垫之上，余下部分自然下垂或者掖入床垫底下；床笠则是把床单四角缝合制作而成的，四角带有橡皮筋，像一个立体的套子，可以直接套在床垫之上，比床单的使用更为方便。床裙是用于床单或床笠之下，围合于床的周围，遮盖床脚部分的纺织装饰品，主要遮盖床的左右两侧及床尾三个面。床罩是从床面铺陈到床脚，用于床垫的保洁并便于更换，结合了床笠及床裙的功能组合而成。床罩通常分为上下两层，上层为床笠造型，四角有缝合定位，下层有床裙装饰，也有的床罩是从床侧自然垂下，分有多层荷花边装饰，内部有床笠。此外还有床盖，其尺寸比一般的被套要大得多，在白天可以覆盖整张床，包括上面的枕头及被子等，用于遮挡灰尘。

由于厚薄不同，被子也分为好几种：被套内装入厚重的真丝、羊毛或羽绒被芯，可以用于冬天的睡眠保暖。而如果装入薄片的被芯，则被称为空调被，用于夏季的睡眠保暖。还有将被芯及被套用绗缝的方式缝合的绗缝被，绗缝被一般都较薄，有装饰的效果；或者含有夹层绗缝棉的被套，可以夏季当薄被使用，而冬季则装入厚被芯当厚被使用。此外还有拉绒毯及毛线编织毯，既可以用于床上，还可以用于沙发上作为休闲毯。

枕头也有很多类别，从摆放的次序来看，最靠后的通常是靠枕，靠枕作为人们半躺在床上看书或者聊天时依靠的枕头，通常为方形且体积较大，一般为 68cm × 68cm；从靠枕再往前则是睡枕，供人们睡眠时使用，通常为长方形，约 74cm × 48cm 的尺寸；此外还有供双人床使用的长枕，是普通睡枕的两倍之多；睡枕之前通常会放置一件或多件方形、圆形、筒状等造型各异的抱枕，多用于装饰，也供人们怀抱取暖之用。抱枕的尺寸及造型很多，一般方形抱枕为 45cm × 45cm，或 50cm × 50cm，比靠枕及睡枕略小。

由于床品与人贴身接触，舒适感、亲肤感是最为重要的，因此多数以印花棉布、提花织物为主，而不会使用诸如刺绣、钉珠、烂花、植绒、激光切割等工艺。至于放在床上的装饰抱枕，则没有太多的工艺限制，方形、圆形、筒状等造型各异，还可以使用钉珠、刺绣等丰富的工艺来加工。

3. 覆饰类

（1）墙面覆饰类

墙面覆饰类包括墙纸、墙布及墙贴。欧洲家居有使用墙纸的传统，尤其是在室内风格较为古典的居家环境中，欧洲墙纸的风格类型也影响了世界各地对墙纸的选择。在亚洲国家中，日本是使用墙纸最多的国家。日本家居中喜欢粘贴环保材质及素色肌理类墙纸，包括一些自然材质，如层压软木、草编类的墙纸。韩国家居中对墙纸的需求也很大，并以花样居多见长。

墙纸在我国1990年代曾经风行一时，家家户户以贴墙纸为时髦，但也因为当时的技术问题，墙纸容易剥落、泛黄及发霉等，这些问题的出现让墙纸迅速走向下坡路，并且持续了一段时间的低迷。但近些年来，墙纸技术已经可以解决当时所面对的众多问题，国内墙纸市场再度勃兴起来。容易粘贴、牢固度高、防霉防水等新特点，使墙纸在家居的使用范围更广，甚至在厨房和卫生间都可以使用。常见的墙纸材质有纯纸、PVC、树脂、无纺布及天然材料等。

纯纸墙纸：取材于自然树木，因此环保无污染，表面光滑无凹凸肌理，以印花工艺为主要装饰手法。

PVC 墙纸：通过机器将PVC材质涂覆在纸基上制作而成，防水、抗撕裂能力较好，且能进行压花、深压纹等工艺处理。

树脂墙纸：在外观质感、手感上虽然与PVC墙纸相似，但遇火阻燃，常采用印花机压花等工艺。

无纺布墙纸：也取材于自然材料，对人体无害并可完全降解，而且价格相对纯纸墙纸而言较低，经常运用印花工艺、发泡、植绒、珠光等技术来获得丰富的质感效果，独特的手感棉糯柔软犹如布料，在近些年受到消费者热捧。

天然材料的墙纸：将各种天然的叶、草、砂、贝壳、羽毛等处理后层压在纸基上，形成自然肌理的质感。由于其纯天然的材料及视觉效果，此类墙纸在日本的使用尤为广泛。

墙布：墙布也称织物墙纸，由表层织物及底层纸基复合而成，表面采用

图 2-4 墙纸用于装饰家居墙面，有传统的装饰纹样，也有现代的几何图案。除了装饰作用，墙纸还可以营造空间氛围，例如右下角图所示为使用真实场景的照片处理而成的喷绘墙纸，使空间在视觉上有了延伸的错觉。

棉麻丝毛等天然纤维或化纤等织成的面料，视觉上与面料无异，手感柔和舒适。墙布是最早出现的墙面覆饰，在墙纸出现之前，锦缎、天鹅绒、压花烫金皮革及挂毯，都是流行的墙面覆饰，但造价昂贵，直到廉价的墙纸取代这些昂贵覆饰成为流行。墙布常常被用于高档酒店客房、饭店包间、别墅会所等较为高级的场所。

(2) 地面覆饰类

地面覆饰类主要指地垫和地毯。地毯和地垫由于功能的不同，在材料及样式方面有所区别。

地垫的面积一般较地毯要小，例如用于门口、玄关处的地垫，用来刮除人们鞋底的泥尘和水分，保证家居地面的清洁，材质主要有橡胶植绒、椰纤材质及其他合成纤维材料等，表面较为粗糙。而用于卫生间或厨房入口处的地垫，主要功能是用于吸水，要求有较好的吸水及防滑功能，材质上主要选择棉质、麻质、超细纤维等。地垫由于面积较小，而且常被放置于家居的入口处，因此一般不会过于花哨，更偏向功能。

地毯是一种软质铺地材料，与地垫相比通常面积更大、材质更讲究，对装饰纹样及色彩的要求也更高，常见有羊毛毯、腈纶毯、羊毛及腈纶混纺毯或草编毯。羊毛毯造价较高，纯羊毛的手工编织毯是十分高档的家居用品，其材质手感柔软，可以使用的年限也较长；较为常见的主要是混纺类的机织地毯，造价适中，花色选择多；纯腈纶等化纤材料的地毯，虽然造价较为便宜，但容易氧化脆化，适用寿命有限。

地毯在欧美国家是一种传统的家居装饰，可以美化家居环境，营造居家气氛。地毯对营造温馨、舒适的家庭生活气氛有很大作用。在一些较为严肃的场所，可选用色调素雅的地毯；一些娱乐场所，如休闲餐厅等，可选用较鲜艳的地毯；而在大型的厅堂内，则应选择能增强区域感的装饰性地毯，突出地毯的引导性功能。除了美观、脚感舒适外，地毯还具有吸音的作用，尤其家居中需要享受宁静的卧室和书房，在内部及走廊铺陈地毯，走动的时候不会影响到其他成员的作息。

图 2-5　不同地区的手工毯有着独特的图案和色彩，土耳其、伊朗及中国西藏等地区以其精美的手工织毯著称。地毯分为手工毯和机织毯。机织毯造价较低，而手工毯由于较耗费人工及时间，因此造价相对较高。

根据不同的特点，地毯的铺陈方式也有所不同。短毛或花色较为单一的地毯通常铺陈在整个家居地面，而长毛绒或花色跳跃的地毯通常用于铺陈局部区域，例如铺一块中等大小的地毯在客厅的沙发区域、卧室的睡眠区域、餐厅的用餐区域等，能起划分室内区域的作用。

随着人们生活质量的提高，地毯的更换及清洁变得更为简单，国内家居市场对地毯的需求也逐渐加大。虽然在家居中铺陈地毯有各种好处，但地毯的需求量与区域风俗及各地气候还是有较大关联的。气候较为干旱的西北地区和寒冷的北方地区，家中十分适合铺陈地毯，可以充分利用地毯的各种优势，但在气候较为潮湿的沿海地区及气候较为闷热的南方则较为少用。

传统地毯常用细密的图案及模式化的图案布局，例如土耳其地毯、中国西藏地毯常采用长边短边的同心方框包裹中心图案的布局，传统中式地毯常用的“四菜一汤”式布局等。现代风格的地毯常用素色及几何图案，图案布局自由，没有特定模式，而且用色丰富大胆。

(3) 家具覆饰类

家具覆饰包括覆盖于沙发、凳椅及其他家具表面的各类纺织品。

家具覆饰类按照使用途径，可以分为两种：一种是直接固定在家具上，如布艺沙发或布艺床头板上的覆饰。工厂生产布艺沙发、布艺扶手椅时就将面料固定，无法拆卸。第二种是留有拆卸开口的家具覆饰，其根据家具、沙发或凳椅的造型样式，量身定做外加的罩套，有挡尘、保护家具等作用，而且美观、舒适，便于清洗、易于更换。人们可以随着季节的变换，冬季使用柔软厚实的材料，夏季则更换凉爽轻薄的材料。由于家具的规格样式没有一个既定的标准，不像床品有固定的规格尺寸，因此诸如沙发套、椅套等覆饰类纺织品，如需更换，基本上都是以定做为主。

家具覆饰类最常见的是软包坐具上（例如沙发、坐墩、懒人椅等）的面料。设计师在设计此类面料时要充分考虑使用上的各种问题。这类面料由于覆盖在坐具表面，承受人们坐躺时的摩擦力，因此对材料的耐用性、摩擦色牢度等要求较高，常用面料为化纤类，比如涤纶、锦纶、涤麻、涤棉和各种

图 2-6 许多软包家具的面料都是固定在表面的。由于家具的尺寸形态各异，市场上没有统一规格的家具覆饰类产品。如果家居中的家具需要另外增加罩套，只能为其量身定制。

化纤混纺类。坐具表面面料也不宜过于光滑，例如缎面类的材料，坐在上面容易打滑；织锦类材料由于纬浮长线过长，容易在摩擦中出现破损，也不适合用于此处；绣花面料及钉珠等处理的面料容易钩挂使用者的衣物，所以也不合适。软包坐具上常见的图案工艺是印花、植绒、提花、织绒等。

4. 餐厨类

餐厨类纺织品包括用于餐厅就餐及厨房备餐的各类纺织品。由于纺织品可以经常换洗，对于保持餐厅和厨房的整洁起到很大作用。

(1) 餐厅用纺织品

此类纺织品包括台布、桌旗、餐垫、杯垫、椅套、椅垫、餐巾盒套、酒衣、筷子套等，设计精美而配套的餐用纺织品能够增加愉悦的就餐气氛，为人们的就餐提供更好的环境。餐垫及桌旗既能装饰餐桌，又可以防止较热的物品对餐桌的损坏，一般采用棉、麻、竹、草、纸布、硅胶、PVC、PP 及 EVA 等材料制成。台布是餐厨中的一种主要装饰织物，既具有实用性，又富有装饰性，还能保护餐桌并增添进餐者的食欲。台布品种很多，有机织大提花台布、色织台布、抽纱台布（包括绣花台布、补花台布）、印花台布、粗织仿麻台布、化纤仿缎台布、毛巾台布、经编提花台布、经编衬纬台布、无纺布台布、PVC 印花台布、涂层台布等。饭店餐厅一般选用漂白或素色纯棉大提花台布，为就餐者提供安静舒适的用餐环境。

在就餐时，最常用的是小配套织品，例如“桌布 + 餐垫 + 餐巾”的组合。它们在选材方面也侧重于实用性，例如棉麻材料的桌布，会有防水涂层以便于清洁；餐垫会选用塑料仿竹编材料，有较好的耐热性、速干性，耐清洗。而家庭聚会或亲友聚餐时，则多采用更丰富的搭配方式。整体配套的餐用纺织品甚至还包括餐碟刀叉及花卉等装饰品，既营造气氛，又便于打理和清洗。

图 2-7　宴请客人或家庭聚会等场合，配套的餐用纺织品可以装点桌面、烘托气氛、增加食欲，是餐桌上不可或缺的物品。

(2) 厨房用纺织品

餐用纺织品与厨房用纺织品的划分界限并不明显。餐用纺织品侧重于烘托用餐气氛，而围绕着烹饪而开发的厨房用纺织品更注重于功能性，最常用的是隔热手套、隔热垫、围裙、擦手巾、购物袋、储物袋、储物篮等。

厨房用纺织品在材料上比餐厅用纺织品更为讲究。例如为了阻隔热量，

图 2-8　印花和绗缝是厨用纺织品最常用的装饰工艺。考虑到使用中的安全及便于清洗，厨用纺织品一般不加各种装饰工艺，例如刺绣、镂空、植绒等。而即使使用此类工艺，也多数是在角落的部位做少量的图案装点。

隔热手套及隔热垫等都垫棉加厚处理。由于经常接触水，围裙有普通棉麻料、涂层棉麻料及内衬防水等多种质地，使用者可以根据自身的使用环境进行选择。而擦手巾由于容易滋生细菌及产生霉斑，因此用料较薄，且是易干性质的。

图 2–9　H&M home 的卧室收纳系列，用于放置杂志、衣服及小件的物品。

5. 布艺收纳类

收纳类纺织品可以分为室内、户外、车内等多种类型。室内收纳制品在客厅、卧室、厨房、盥洗室、书房、儿童房等空间中使用，用于整理书籍杂志，收纳服饰鞋履、换洗衣物、餐具、玩具等。例如客厅的沙发旁或桌子上常会放置杂志篮，主要用来集中放置杂志、报纸、书籍等，避免其散乱各处，具有短暂收纳和储存的作用。卧室中则常见衣物整理收纳挂袋、内衣收纳盒、鞋子收纳盒等，以便让使用者对衣物、鞋子等进行整理和分类。

户外收纳类用品则指用于庭院或者野餐时带到郊外使用的收纳制品。尤其在西方国家，人们喜好外出野餐、聚会烧烤、房车旅行等活动，如何快速地收拾各种物品又便于携带，都有赖于收纳制品。由于经常放置于户外，会受到日晒雨淋等，这些收纳制品比室内用品的用料要求更严格，其面料材质等需要有防水防霉的技术处理，并且还要能耐日晒。

此外，随着有车家庭的增多，车内收纳也渐为消费者所重视。车内收纳品除了一些功能性的产品，如垃圾桶、纸巾盒、车座背收纳袋、车载整理箱等，还有一些装饰作用的产品，例如把手套、安全带套、后视镜套等。虽然汽车空间较为狭窄，但是车内收纳品还是很受车主欢迎的。例如很多人都会在汽车后备厢放置饮料、鞋帽等随时会用到的物品，使用车载整理箱可使后备厢免于杂乱。

6. 卫浴类

卫浴类纺织品主要应用在盥洗室中，在人们生活中不可缺少。很多消费者对卫浴类纺织品的概念基本只停留在毛巾上，实际上，随着现代生活质量的提高，洗浴空间的纺织产品类别也丰富了许多，常见品类有毛巾、浴巾、浴袍、浴帽、浴帘、洗水地毯、洗衣袋等。卫浴类纺织品不再是单一花色的老旧款式，而具有时尚亲和的外观，装饰作用也很突出。卫浴类纺织品最主要的作用是保洁，因为经常接触水，所以在材料的选择上十分注意，多使用具有抗菌、防霉等技术处理的材料。以浴帘为例，常见的浴帘主要由塑料、防水布等材料制成，可防止淋浴的水花飞溅到淋浴外的地方；在室内温度较低的时候，也有聚拢热蒸气、维持淋浴区局部温度的作用。

毛巾、浴巾、浴袍是卫浴类纺织品的主要产品类别。其工艺上主要有圈绒、割绒或提花等，用料通常都是以纯棉为主，近些年来围绕着健康、亲肤、

图 2-10　H&M home 的卫浴纺织品系列，每一个系列都有独特的配色特点。

抑菌等概念需求，兴起了使用大豆纤维、黄麻纤维、玉米纤维，以及洗水力更强的超细纤维等材料。毛巾、浴巾及浴袍的装饰图案一般都较为简单，细小的花形及几何图案最为常见。然而其在色彩方面非常缤纷多变，甚至可常在市场上见到按彩虹颜色排列的毛巾、浴巾，以迎合不同人群的喜好。

7. 其他类别

布艺陈设类纺织品主要指一些装点家居空间的体积较小的摆件。这类织物主要包括布艺灯罩、布艺玩具、织物插花等。这些织物在室内空间虽只是点缀品，但如果使用得当，可以使居室增添无穷的情趣，起到画龙点睛的功效。如在儿童房中摆设一些大型的布艺玩具，可以营造出天真活泼的氛围；在客厅或卧室装点一束织物插花，在书房桌边放上织物信插，在餐桌上摆上几个织物杯垫……这些都能为室内环境增添儒雅的感觉和浓浓的生活气息。还有一些布艺小品用于特定的节日装饰，例如圣诞节的彩球与礼物挂袜、生日的彩旗、万圣节的南瓜布艺摆件，等等。

独立装饰品主要是指壁挂、壁毯、屏风、纤维艺术品等。独立装饰品通常尺寸较大，可以悬挂或者像雕塑一样摆放。尤其在一个较大的环境中，能够和空间交融在一起，故与小件陈设相比对空间气氛的影响更大。这些品类是以独立的装饰功能存在的。在人们追求高层次精神享受的今天，独立装饰织物被越来越多地引入到室内环境设计中，特别是在宾馆、酒店、娱乐场所、车站、机场等公共区域。在墙上饰以一幅巨大的纤维艺术品或在某一区域用精美的屏风隔出一块休闲区，都能使室内显得绚丽多彩并增添不少文化气息，同时也为整个室内环境添加柔和感与人情味。

图 2-11　布艺制成的装饰品给人温馨、亲切之感，常作为家居的摆件，很多时候也被用在节日的家居装饰中。独立装饰品则多数属于纤维艺术的范畴，用于一些开阔空间，例如酒店大堂等的装饰，通常体积较大且工艺复杂。

第三章

纺织品的风格

每个国家都有自己的风俗特色，这些风俗反映在家居设计中就是形形色色的各种风格。随着全球化信息的流通，人们获得了更多的外界资讯，也喜欢将其他国家的装饰风格带入自己的家中。在国内，人们受欧美国家家居装饰风格的影响最大。欧洲古典风格、简约欧式风格、现代美式风格等的流行，无不体现着人们对于精美优雅的家居装饰的喜好。近些年来，新中式风格也受到越来越多人的青睐，不仅是中年人，一些年轻人也对这种既现代又有中国特色的家居风格感兴趣。

家居风格由室内硬装、家具、布艺及装饰品等构成。由于室内硬装耗时长、花费也高，而且容易过时，又不便于翻新，近些年来“轻装修重装饰”的观念逐渐成为主流，人们将更多的精力放在家居的陈设布置上。纺织品因铺设简便、随购随用、价格相对较低、可以经常更换等特点而受到人们的青睐。纺织品本身有着明显的风格倾向，在塑造家居风格方面起着十分重要的作用。

正是由于纺织品的风格与家居风格息息相关，因此设计师也常常会被要求设计出能体现某类风格主题的纺织品。故在设计过程中，设计师必须有清晰的家居风格意识，了解不同风格的材质、色彩、图案、款式、工艺要求等，才能有针对性地进行设计。

1. 东西融汇的中式风格

中式纺织品沿袭古典传统，也融汇当下的潮流。中式纺织品与中式家具和装饰品一同促成了独具东方意味的室内风格。当设计师在谈论中式风格的时候，少不了这三者的相互作用。虽然传统丝绸是中式纺织品的代表，但随着时代的发展，中式纺织品的用材也越来越丰富。当代的中式纺织品与欧美的最大不同在于图案及色彩。

现在人们所接触到的中式风格，其特征与古代的已经有很大不同。中式风格随着时代的改变及受到西方审美的影响，渐渐分化成了两种样式：一为古典中式，更倾向于复古和沿袭传统特征，传递怀旧情结；另一为新中式，更倾向于简约现代，含蓄表达意境。

古典中式纺织品以丝、绢、锦缎、绸等光滑质地的面料为主，多为床品、椅垫及窗帘，配以中国红、品黑、金黄、檀紫、赭色、宝石蓝、翡翠绿等浓郁的传统用色，次之为橙红、玫红、桃红、米色、亮蓝、荷绿等较轻的色彩。其上的中式传统图案，常带有刺绣、流苏及吊坠装饰等细节。这些纺织品，搭配着家居中的明清木质构造的家具，如以紫檀木、乌木、黄花梨、红木、酸枝、榉木等为主要材料的椅、墩、架子床、榻、柜、架格、橱、案、几、桌、架、箱、屏风等家具。在现代简约装修的房子内，这些物品依旧能显得十分融洽，并带有浓郁的中国特色。

新中式风格也称现代中式风格、新东方主义风格等，归纳其特色，实为在传统中式家居文化的基础上，结合西方现代主义的观念，将中国元素变得更为现代简洁，以适应当代人们的生活方式和审美需求。新中式风格的纺织品有几个特点：其一是有传统韵味，但并不直接采用传统图案、传统配色，而是用新中式的图案及较为现代感的配色；其二是在用料上并不局限于传统的绸缎类，既有棉麻丝毛，也有皮革、PVC 等多种材料；其三是减去烦琐的装饰，重视细节的适当点缀，例如古典中式风格的窗帘常用流苏作为装饰，新中式风格的窗帘则较少使用。

在说到中式纺织品的时候，不可不提的是西方人眼中的中国风格，即

图 3-1（含后页图） Natori 品牌的床品，从传统的明清时期的装饰中获取灵感，丝绸上的刺绣具有独特的质感，如中式华服般美丽。

Chinoiserie 风格。Chinoiserie 风格 17 世纪从中国输出，随后在欧洲流行，并反过来影响中国，在纺织品发展史上一直都有一席之地。Chinoiserie 风格涵盖一切中国样式的装饰细节和物品，包括墙纸、屏风、饰品、布艺等，其特点在于多描绘东方花卉、竹子、窗花、亭台楼阁等传统中式元素。这些中国元素既是典型的，也可能是臆想的，是中国样式与欧洲样式相结合而产生的新风格。例如把中国画作中的人物与大马士革图案相结合，或者把亭台楼阁与欧洲的贝壳纹相结合等。一些国外设计师设计的 Chinoiserie 风格图案，还常常混合一些东南亚和日本的元素，因此，也可以说这种风格的装饰图案实际上是一种混搭风格。这一风格的影响十分广泛，一直到今天，西方家居设计中还时有使用这种风格的图案与装饰品，并且影响到中国国内的家居设计装饰。此类风格的墙纸、布艺产品融入古典中式及新中式风格的家居中，受到各类人群的喜爱。

2. 热情的东南亚风格

东南亚地区有多个国家，有很多独具特色的纺织品，例如绚丽的泰丝制品，相比中国的丝绸手感较硬，但色彩艳丽而丰富，常被做成泰式三角枕、抱枕、桌旗床旗、餐垫等，用于家居空间的点缀，与原木家具相衬时，透出一种轻盈慵懒的华丽。还有印尼和马来西亚的巴迪布蜡染面料，以细密的小点组成图案，加上丰富的配色，做成衣服、家居布艺等都独具特色。除了华丽色彩的纺织品，还有自然系配色的薄棉及麻纱等材质做成的各类纺织品。由于东南亚地处热带，气候闷热潮湿，细麻织成的白色面料悬挂在架子床上，既遮挡蚊虫又通风透气。

东南亚风情的配套纺织品，并不强调国度特征，更多的是营造一种热带的气氛。因此，这类纺织品在元素的使用上相对比较自由。东南亚风格的家居中，除了传统的雕刻错铜等工艺的家具，也有很简洁的带有当地特色的现代家具。东南亚风格与现代风格的相互交融，常出现混搭的效果。

（左页图）图 3–2 Chinoiserie 风格的家居纺织品与墙纸，这种风格是西方人对神奇、富饶的东方的想象。

图 3–3　东南亚风格的家居设计

3. 优雅的欧式风格

此类风格的纺织品主要用于古典欧式及简约欧式风格的家居中，墨绿、深红、褐色等浓郁的深色多用于古典欧式风格；白色、米色、浅黄等淡雅的色彩多用于简欧风格。欧式风格的沙发覆饰、床盖、床幔等常选择有光泽感的缎面提花织物及织绒面料，加上流苏、荷叶边、穗缨、绒球等，可以营造出典雅华丽的欧式风格。

在欧式风格的家居装饰中，总少不了带有华丽帘头的窗饰。窗帘是体现欧式风情的重要纺织品类别，繁复华丽的窗帘款式与欧式家具上精雕细琢的装饰相呼应。大量运用水波帘头及挂穗装饰是欧式外帘的重要特色。当层叠的水波帘头或平脚帘头上缀满花边和流苏时，整套窗帘会显得尤为隆重。欧

图 3-4　最经典的欧式风格的面料是缎面的大提花面料。在国内常见色调华丽、材质闪亮的欧式风格提花面料，而西方世界则更偏好色调含蓄中带有些许光泽的类型。英国的 Ebanista 公司的家具、纺织品很完美地诠释了这种优雅经典的欧式风格。

式风格的外帘主要用欧式大马士革或卷草图案的大提花面料或绒面面料，内帘则用垂褶式窗纱或抽褶式罗马帘。

欧式风格的家居内饰虽然受巴洛克及洛可可时期的家居装饰的影响较大，但同时也融入了欧洲各个时期的传统家居风格。设计师需要熟悉欧洲各时期的家居风格迭变，才能融会贯通，把握欧式风情的设计特点。

4. 华丽的新古典风格

新古典风格在国内流行了很长一段时间，而且是在楼盘的样板房装饰中使用得最多的一种风格。人们喜欢欧洲的传统风格，但又觉得其颇为古旧且繁杂，因为欧式风格是以巴洛克和洛可可时期的室内装饰为借鉴的，更多地沿袭了当时的烦琐细节。而欧洲历史上新古典主义的出现，确实对洛可可的

图 3-5　虽然同样应用欧洲传统图案，但低调的色彩使新古典风格的布艺装饰和欧式风格的布艺装饰在视觉上有所区分。

矫柔繁杂做出了反抗，主张恢复古希腊、古罗马时期硬朗大气的装饰风格。然而，现在国内所流行的新古典风格与历史上的新古典主义（Neoclassicism）是有所出入的。

国内所流行的新古典风格更像是欧洲传统风格的现代版，新古典的家具、布艺、饰品都糅杂了多个不同时期的风格特色，在传统的欧洲样式基础上进行夸张及变化而形成。当然，国内流行的新古典风格也有其独特和典型的特点，如带有曲线动感的弯腿家具，以及带有大马士革、卷草纹样的布艺。新古典风格的家具更偏好使用诸如路易十六世时期、安妮女王时期的风格样式，但通过变化改进这些样式，现在所看到的新古典风格的家具在保留其弯腿及圆盾形靠背造型的同时，简化了外轮廓线条，较多地采用浅金色、银色漆饰，较少有雕花等装饰细节。新古典风格使用的布艺采用典型的欧式大马士革图案、卷草图案、帝国时期的徽章及橄榄枝图案和铁艺图案，其中大马士革图案在布艺、墙纸、地毯等的纹饰中出现得最多，尤其在流行新古典风格的一段时期内，在国内的家居布艺展和墙纸展上，大马士革图案几乎满目都是，因此也被称为“新古典图案”，可见其在此风格中的应用之广。

风格的背后有很复杂的历史成因。很多人都将国内流行的新古典风格与欧洲历史上的新古典主义联系到一起，实际上两者完全不同。作为设计师，我们应该摈弃这些字面的联系，多去挖掘内在的不同，多了解历史风格和现代变革的关系，不能单纯从一个名词就断定其定义。

随着国内新古典风格的热潮渐渐退去，近些年来开始流行现代低调奢华风格，以皮革和不锈钢金属相结合的直线条家具为代表，同时也融入了一些新古典的元素，如水晶灯、卷草纹样、动物皮草等。两种风格的共同点体现在纺织品上，主要表现为：都常用中性配色，例如银色系、浅棕色系、黑白色系等；沙发、床头、椅背的覆饰部分以天鹅绒或皮革材质为主，配以打纽簇缝的装饰手法；床品、抱枕及窗帘的面料则以带有丝质光泽的光滑面料为主，大马士革及卷草纹为主要纹样；使用动物纹理的皮革，如蛇纹皮、鳄鱼皮等，或直接使用皮草或仿皮草制品作为地毯、床旗等的装饰物；金属面料、水钻、闪珠亮片等常作为装饰细节来进行点缀。

5. 经典当代风格

顾名思义，经典当代风格是糅合了经典元素和当代元素的风格，是欧美的新传统风格，就与中国的新中式一样，可以说是一种跨时代、新旧融合的风格。其家具样式简洁中带有古典细节，线条简单却不似现代风格那样利索，而是稍微带有弧度或梯形状。也有将传统的样式搭配少量现代的样式的设计，例如将路易十五时期的贝壳曲线形沙发扶手椅、联邦风格时期的直细脚柜与当代的玻璃边桌放置在一起。尤其是一些有历史的独栋房子内，更喜欢用经典当代风格。

经典当代风格的室内家居中大量使用软包家具、帘幔、地毯等各类纺织品。这些纺织品的款式一般都很简洁，较少古典样式的花边、流苏等装饰。纺织品图案偏好传统几何纹饰，例如源于古希腊时期的格状纹样，以及类似中式回纹及长寿纹的装饰纹样等。材质方面重视低光泽的质感，相比欧式古典或新古典类型的面料而言，显得较为低调素雅。用色方面倾向同一色调，例如海军蓝、枣红、天鹅绒绿、砖橙等较为浓郁的深色调常被用于墙面，相对应的纺织品也多用此类色彩；浅色调的空间，例如粉蓝、浅黄、淡玫红等，其纺织品也会用类似的色调，这类浅色调通常都不是亮丽的浅色，而是带有一种灰粉的视觉效果。

国内使用经典当代风格的空间主要以酒店、餐厅为主，普通的家居中较少使用这种风格。但是由于英美电视剧背景中常会出现此类风格的场景，因此也引起了国人对这种家居风格的兴趣。

6. 温馨的田园风格

对很多女主人来说，将家居环境布置成田园风格才算是有了一个温馨的家。法国、意大利、英国、美国都有 Country Style，即乡村风格。乡村风格及田园风格基本相同，只是在翻译上有所差别。田园风格一般让人感到甜美温馨，而乡村风格会让人有质朴粗犷的感受。国内的田园风格中，甜美温馨

图 3-6 经典当代风格偏好传统几何纹饰，如上图床品上的图案，看起来似中式的回纹，实际上是源自于希腊的传统图案。

的部分被放大，形成了较为典型的特征：简约的装修、白色或者锻铁色铁艺、白色的家具、碎花或条格的面料和墙纸。田园风格的纺织品主要以棉麻材质为主，加以绗缝、拼缝、绣花等工艺，体现手工的味道。纺织品上浅色系的苏格兰格子纹、竖条纹、碎花缠枝花、折枝花及小碎花等写实花卉图案，还有白色家具上的手绘花朵图案，都显得简约而不单调。

田园风格中不同的花色配搭会产生不一样的视觉效果。偏传统的田园风格的纺织品偏好写实花卉图案的面料，花卉用油彩或粉画的手法，用色喜好粉色系，并且搭配着斑驳怀旧的器具或家居；而偏现代一些的田园风格则用装饰着花卉图案的面料，用色较为鲜艳，并配以光洁的陶瓷和漆得很白的家具或原木色家具，整体清爽明亮，富有朝气。

图 3-7（含右页图） 清新的现代田园风格的布艺产品，色彩柔和，棉麻质感，与传统田园风格相类似，但现代田园风格的布艺产品款式简洁，而且图案由笔触细腻的写实大花和简约的装饰花纹相结合而成。

7. 现代简约风格

现代简约风格的纺织品多以单色为主，无装饰纹样或使用简单而抽象的图案，其中几何纹样及肌理图案常常比其他纹样图案更为常用。该风格的纺织品注重材质感，光泽度低，低调而不奢华。哑光材质比高光材质使用得更多，例如常选用棉、麻等天然材料。即使是皮料之类的材质，也会选择反皮或者光泽低调的皮料。最常见的现代简约风格中色彩为中性色，倾向于低纯度，与家居中的透明玻璃、钢筋混凝土、原木材质等装修材质都可相互呼应。近些年来十分流行用粉色系列，大胆的鲜艳对比色也会被用于这种风格，但这种情况下一般都会搭配黑白灰作为中间色。现代简约风格的纺织品常为简单款，也有一些会在表面做拼布或打揽等工艺，但坚决不使用花哨的荷叶边、流苏边等装饰细节。

正是由于图案的简洁和对材质的注重，现代简约风格的纺织品可以用于搭配其他各个风格的纺织品，或者用于其他风格的空间内，例如素色或细小几何纹理的纺织品，被公认为是百搭款。

图 3-8（含右页图） 现代简约风格的纺织品

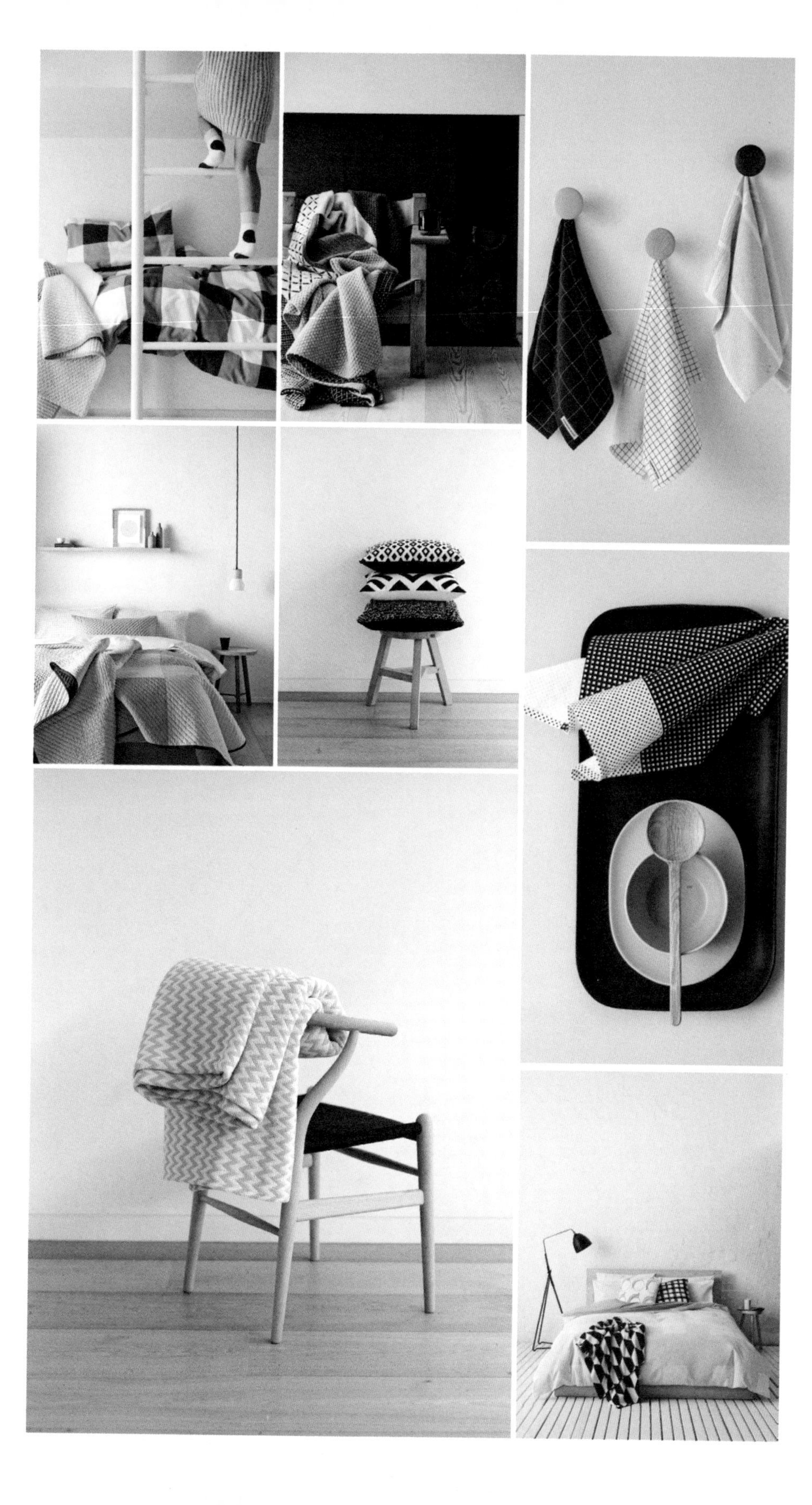

第二部分

设计

当设计师明确了家居纺织品的定位，即为什么人，在什么空间、什么季节制作何种风格、价位及类型的产品之后，才能进入第二部分——设计的过程。也就是说，有了定位作为支撑条件，才能够进一步进行具体的纺织品配套设计。家居纺织品配套设计从概念到成品的完成，可分为几个较大的步骤，依次是：主题版—草图—模拟效果图—工艺结构图—打版—制作—整合配饰—拍摄—图册设计—包装设计。

首先，依据已经明确的定位找出设计元素，制作主题版。然后，设计师通过大量的草图，表达设计理念，将色彩、图案、工艺、款式及材质等方面细化，对各种元素进行调整和修改，直到对配套效果满意为止。其次，设计师通过模拟效果图来直观表达成品的效果及整体配套效果，进一步验证设计成果是否与最初的设计定位切合。再次，设计师需要对纺织品的结构进行剖析，对加工工艺进行调试，将产品设计转化为工艺结构图，将制作单提供给打版人员，以便顺利完成产品从概念到实物的转化。最后，当成品打版及制作完成后，还需进行配饰的整合、拍摄，以及设计图册、包装样式等，完成整套设计程序。

很多人认为设计就是画图，实际上这个想法是非常片面的。在上文所列出的几个纺织品配套设计的步骤中，除了纸面上的工作，还有很多实际操作的部分。例如在制作主题版的过程中，会用到各种面料及配件，设计师需要花费时间到市场上去寻找；又如在用草图表达款式时，面对复杂的布艺缝制结构，仅仅依赖图纸是很被动的，聪明的设计师更愿意利用布坯等实际材料制作模型、小样，这样做的好处是能够清晰地看到三维立体的构造，避免错误；又如在后期，打版制作虽然多数由制版师傅完成，但设计师也需要参与其中，因为结构图是二维线稿，在某些复杂结构上容易造成混淆，需要设计师进一步说明；而在最后的拍摄过程中，虽然是由摄影师进行拍摄，但设计师对于如何以最佳姿态表现纺织品是有重要话语权的，因为设计师更了解产品的特点，可以指导拍摄工作。总之，纺织品设计师要打破传统的纯粹画图的观念，多参与实际的制作。

第四章

确立主题

1. 确定主题

设计师在设计开始阶段都会先拟定一个主题，简单而言就是为即将进行的设计过程设定一个目标。如果没有主题，工作便无从下手，因为可以选择的设计元素过多过杂。主题的范围十分广泛，各种自然物象、人文历史及时尚事件等都可以作为主题。对于自由设计师而言，主题可以是随机的灵感来源，也可以是根据潮流趋势等而设定的设计方向。在设计之前拟定好一个明确的主题，有助于设计师在众多选择中缩小元素的搜索范围，也有助于在修改过程中不偏离原始目标。一旦拟定主题，便可采用主题版的形式将这一主题视觉化，后期的设计要严格按照主题版去进行。如果最终完成的配套纺织品与主题版的目标相去甚远，确定主题与制作主题版也就没有意义了。

企业根据自身的品牌特色及每年的潮流趋势制定产品开发计划，完成设计方案，加工家居纺织产品在市场上出售。为了让这些产品能更好地满足目标消费者的需求，也为了保证设计师能够明确产品开发的方向，设计工作开始前，必须把开发计划视觉化，色彩、图案、材质、款式等都要用主题版的方式确定下来。主题与产品最终的风格、适用季节、使用功能、价格定位等

图 4-1 从自然中可以找到各种让人欣喜的设计元素，例如天空，可以是一个很具象的主题，也可以是一种很抽象的感受。具象的表达是指通过图案及色彩的绘画手法，很明确地绘出主题元素，例如蝴蝶、花朵、房屋等主题；而抽象的主题表达则是利用图案、色彩、材质肌理等表达某种氛围，可能并没有很明确的图像指引，却给人以很强烈的体验感，例如生命、幻影等抽象的概念。图中的床品明显采用了具象的表达方式，床品上的图案描绘了深邃的天空及云朵，这些印花图案充分地表现了天空这一主题。

图 4-2 图中的床品与左页图片中的床品都是 Linen House Lifestyle 品牌的产品。这两套床品都属于现代简约风格，却有着不同的主题。本页床品名称是 Ghana。Ghana 是非洲西部的一个国家，其民俗风情十分有特色，当地传统装饰带有原始质朴的味道。虽然 Ghana 是一个很抽象的主题，但设计师抽取了当地建筑及服装上的传统图案，把格子、之字纹、条纹、三角形等作为主要设计元素。通过将这些图案整合搭配，并配以黑白色彩，这些纺织用品显得更纯粹，视觉冲击更强烈，并且增加了时尚感。

图 4-3 图中床品以蕾丝为主题。Urban Outfitters 品牌主打年轻人市场，以简单的装饰和较为实惠的价格赢得年轻人的喜爱。这套床品虽然是以蕾丝为主题，却并不是把真正的蕾丝缝制在床品上，而是采用加工更为便利和价格更为低廉的印花工艺。亦真亦假的蕾丝图案既呼应了主题，又给人以惊喜之感。

图 4-4 同样是 Urban Outfitters 品牌的产品，这套床品更有嬉皮的味道，十分符合年轻人的喜好。此套床品以月球为主题，含有探月、星空、未知等意味，让人浮想联翩。此床品用真实的月球和星空为图案，主题十分直白，富有强烈的视觉冲击力。

都有关联。因此，主题并不仅仅是为了好看而设定的，而是具有很重要的现实指导意义。

风格和主题是较为容易混淆的两个概念。风格通常用来概括一个品牌的主题特征，而主题则是贯穿在具体的产品开发内容中。一个企业有其特定的风格，例如Natori品牌，其床品以东方风格为主，有浓郁的中式、日式风情。东方风格是其设计师开发产品时始终遵循的原则，如果设计中加入了像芬兰Marimekko品牌的鲜亮对比色和夸张的现代元素图案，则完全背离了Natori的风格一惯给人的印象。但一个品牌存在特定风格并不意味着这个品牌的产品单调地重复，或是在开发新产品的时候只能借助主题来进行创新。例如Natori开发过以龙凤、水墨梅花及日本浮世绘等为主题的床品，不同的主题在相同风格特征的框架下，共同形成一个品牌的系列产品。因此可以说，在设计过程中，应当是风格先行，主题次之。当然，风格和主题是密不可分的，设计师一般会用风格版或主题版来表达设计理念。

2. 制作主题版

主题版也称为意向版或心情版，源于西方设计界的Mood Board，是在室内设计、纺织品设计及服装设计过程中都会采用的，以体现设计师灵感来源、传递设计信息的一种工具。家居配套纺织品设计中的主题版，主要展现有关其主题的气氛、色彩、图案、工艺、款式及材质，并且传达出关于设计细节的明确信息。主题版的意义在于，即使不经由设计师本人进行灵感阐释及介绍，也可以让观者通过主题版获得各种信息，对设计师的想法有直观的了解。

主题版通常由图片、样品、实物材质等构成。主题版没有具体排版形式的要求，最重要的原则是所陈列的物品必须紧扣主题，能够传递设计理念，

图 4-5　主题版更强调其所呈现出的整体氛围，也就是设计师想要通过最终产品营造的氛围。

对配套产品的设计有所引导。主题版可以仅仅用图片来表达，例如在旅行中看到的风景、书籍的封面、杂志内页等令人产生灵感的图像；也可以仅仅用物品来表达，这些物品既可以表达主题元素，构成整体色彩，也可以带有质感。最常见的做法是把图片、物品、文字组合在一起。这种做法视觉效果强烈，可以调动众多的元素。例如相关文化背景的图片、代表目标消费者的人物图片、室内气氛图片、相类似的款式结构的图片、材质的图片或样品、装饰配件的图片或实物，以及色彩的标注等。能否恰到好处地运用这些元素，充分考验着设计师掌握该主题的能力。

主题版是设计师为了阐释设计概念及传递精确的设计信息而做的。如何才能做到表达准确，就看设计师自身对各种风格、主题，以及各种构成元素的理解了。纺织品设计师应该有较高的文化素养，面对开放的世界努力地开拓自己的视野，全方位、多角度地寻找艺术设计的灵感。文化古迹、自然风情、动植物世界等，都是进行纺织品设计的素材源泉。通过市场考察、参加展会等途径，也可以拓展对市场现有产品的认识。通过计算机网络，同样可以收集大量的信息，及时了解世界各地纺织品设计的新动向：流行色、流行花样、表现技法、新型款式结构、最新材质、配件搭配方法等。总之，设计师应多看多思考，逐渐累积自己的资源库——无论是脑海中的知识储蓄，还是手头资料的储备。

主题版内容广泛，可有效传递设计信息，常常与流行趋势紧密相连。每年的家居展、家具展、面料展、饰品展等展会，以及杂志、网站、设计公司等，都会不定时地发布流行趋势，有时是依据一年两季春夏和秋冬来发布，有时则是根据一些大事件或者历史上的一些纪念日来设定发布时间。这些流行趋势可以以主题版的形式呈现，且各有特色，例如家居展及家具展，用图片及实物的形式诠释新设计、新材料、新动向；面料展上则材料版更多一些，综合了各个参展公司的新产品，糅合成各个主题趋势的内容；杂志、网站则

图 4-6　左上图：实物＋图片的主题版形式。物品及图片中出现的图案、色彩可能会被应用于最终的成品设计中，如此处，其图案可能会是各种绿叶植物。左下图：纯粹使用图片的主题版，内容是一些适合表达设计理念的物品，可能色彩不一定合乎想法，但可以在电脑中处理图片使色彩更为协调。右图：用剪贴画的形式及文字说明来表达设计师的主题版概念。有时候适当的文字说明是很有必要的，尤其是可以记录设计师在制作主题版时的想法。

图 4–7 主题版的表达不拘一格，但也不要胡乱堆砌图片和物品，要将主题版当作设计的一个重要部分去完成。好的主题版甚至可以引领设计师做出更佳的作品。

会以设计师的新作品、展会的新动向等来作为主题版内容；各大公司、设计师也会不定时地以主题版的形式举办自己的小型趋势发布会，更像是对自己新产品的一个简要说明，也是不断地塑造和强化公司形象或设计师形象的一种做法。

第五章

纺织品配套法

1. 色彩配套法

“远看色，近看花”是在纺织品设计中常被提到的一句话。消费者往往首先被色彩吸引，走近后才会细品其他因素，这说明了色彩的重要性。不同国家和区域的消费者对家居色彩的要求也不一样，不同地域的地理环境、民族文化、历史传统和政治力量等都会对色彩的喻义产生影响。在做室内纺织品配套设计的时候，要考虑不同消费者对色彩的不同喜好。例如性格沉稳的北欧人，惯用近乎冰原自然色彩的高调同类色来设计纺织品；东欧地区常以带有阳光和奶油意味的次高调同类色来展开；西欧国家对同类色色相的选择相对宽泛些，惯用色相明显的中间色调进行纺织品的搭配；而亚太地区的人们有着与西方迥异的用色习惯，对色彩对比度大的纺织品情有独钟。

家居配套纺织品品类繁多，如果色彩不协调，放在一起会让人视觉上十分不舒服。在设计配套纺织品的每一单品时，要利用色彩来联系彼此，注意纺织品色彩的呼应、统一和比例分配原则。

统一色调：统一纺织品配套设计中整个色彩的冷暖、纯度。无论是用单

图 5-1　各种色彩的纺织品

一色彩、邻近色彩搭配，还是用对比色彩搭配，都需要注意色彩的总体倾向，把握整体色调。如果没有整体的色调倾向，大红大绿各自为政，很容易配出俗气、混乱的颜色。

色彩呼应：配套纺织品之间，可以经常利用色彩的彼此呼应，来构成整体效果。配套纺织品由于种类较多，各种不同功能的纺织品放置在一起容易显得凌乱，因此需要有色彩的关联性来进行归纳、整合。这种关联应围绕产品的主题色彩展开，并且主体色彩应当在不同类别的产品中重复出现。

比例分配：一个配套系列产品中，应有一个影响总体色彩偏向的主体色相。这种整体色调的构成，实际上有赖于主体色相在面积上占有绝对优势。因此，纺织品配套设计中，需要注意主体色与点缀色的面积比例。如果所有产品都使用同一种色彩，未免显得过于沉闷、单调。点缀色的出现，可以打破这种沉闷和单调。但要注意的是，点缀的色彩不宜过多，在比例上需要比主色少，以免打乱整体色彩效果。

除了上述的色彩原则，还可以根据一些基本、常用的色彩配套方法来进行设计。

（1）单一色彩配套计划

单一色彩配套计划是指家居纺织品统一运用单一色相进行配套。利用一种色彩并不意味着没有变化，可以利用这个单一色彩的明度和饱和度的变化来丰富层次。这种配套计划能够营造统一的视觉感，产生干净而优雅的效果。成功的单一色彩的配套方式，有赖于对这一色相中不同明度、不同纯度的颜色的调配，以及不同工艺技术及材质的搭配。实际上，纺织品的配套涵盖面十分广泛，例如餐厨类的配套就包含围裙、擦手巾、隔热垫、收纳制品、桌布、桌旗、坐垫、靠枕等。它们由于使用功能不同，材质也会有所不同，因此搭配出来的效果会有微妙的质感变化。

单一色彩配套计划中，色相环中的单一色相常与黑白灰搭配。黑白灰一

图 5-2　左图：蓝白色构成的单一色彩配套，不同深浅的蓝色使单一色彩不再单调。右图：黑白色通常被认为是非彩色，黑白色之间的灰色有多个色阶，可以构成丰富的层次。

般被认为是非彩色，与各类色彩配搭时并不影响单一色彩的统一协调。单一色彩配套计划中由于缺乏对比，比较难去强调其中的某个色彩，甚至会由于色相的单一而显得单调。因此，在使用单一色彩配套计划的纺织品设计中，材质是很重要的元素。即使是同样的色彩，粗糙的质感和光滑的质感也会有在视觉上有区别。或者在家居中使用具有对比色彩的小装饰品，可以起到点睛的效果。

优点：单一色彩配套计划容易管理，具有平衡感及视觉吸引力。

缺点：单一色彩配套计划不如对比色彩配套计划富有活力。

提示：重视主色的明暗变化、饱和度变化，以及不同材质的对比、配饰材质的对比等，以此可丰富视觉效果。

图 5-3　黑白灰构成的单一色彩配套纺织品带有强烈的视觉效果，通过不同灰度的黑色的调节，可以丰富色彩层次；借助纺织品材质的差别，也可以增加质感的对比效果，简单而不单调。

图 5-4　单一色彩配套并不意味着没有变化，可以通过改变单一色彩的明度和饱和度来丰富色彩层次。如上图所示，单一色彩显得整洁统一，同时色彩的明暗、深浅变化又使其在统一中有微妙的变化。相比邻近色来说，这些变化更为微妙，而且不会改变色彩的冷暖属性。

(2) 邻近色彩配套计划

邻近色彩配套计划是指家居纺织品同时运用几种在色轮上相邻近的类似色彩。这种配套计划往往会有一个主色，以其他一种或者几种类似色作为辅佐色彩。这种色彩搭配会比单一色彩搭配的层次更加丰富，细微的差异化也更明显。由于所选择的色彩在色环上有较为细致的位置变化，因此会表现出微妙的冷暖差异。例如，把不同的红色运用在一套配套产品中，可以让产品既展现出统一的红色，又不至于单调沉闷。图例中的大红色与偏暖的橙色及偏冷的蔓红色，虽然同样带有红色的色相，却呈现出冷暖倾向，并列使用的时候则能平衡视觉。

邻近色彩配套计划是在大的色彩倾向下以一个色调联系各种产品，使其形成统一的视觉效果，但在小的细节处理上可改变单一的色相，让产品的整

图 5-5 绿色及蓝色构成冷色调的邻近色；红色、橙色及蔓红色构成暖色调的邻近色。上图中明度较高的色彩，无论是冷色调还是暖色调，有一种明亮清爽的感觉，十分适合应用于春夏季纺织品。

体效果既稳定又有变化。

邻近色是许多大型品牌公司都喜欢采用的色彩配套方式，尤其是一些低调内敛、定位高雅、以素色提花类纺织品为主要风格特色的公司。

优点：邻近色彩配套计划可以轻松地创造出类似单一色彩配套法的统一效果，但又富有更微妙的差异和变化。

缺点：邻近色彩配套计划同样缺乏对比色彩配套计划的活力效果。

提示：避免在这类配套中同时使用冷暖色，也不应使用过多的色相，这样会破坏整体和谐的效果。

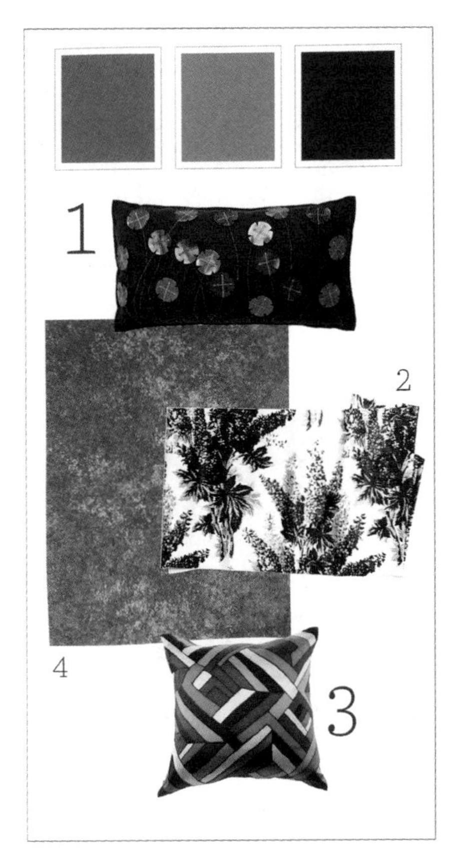

图 5-6　蓝色和紫色构成冷色调的邻近色，橙色及褐色构成暖色调的邻近色。

图 5-7　在搭配邻近色的时候，需要注意色彩的倾向性。例如绿色与蓝色相搭配时，蓝色是冷色，如果选择偏黄的绿色，则不会显得色彩很冷，也可以中和蓝色的冷感。

图 5-8　图中的绿色偏暖，褐色也属于温暖的色彩，令人产生皮和木的色彩联想；同时，褐色也可以调节绿色的暖感，这种邻近色搭配十分适合春季的家居纺织品。

(3) 对比色彩配套计划／互补色彩配套计划

对比色彩配套计划是指运用在色环里处于色环两端的色彩来设计，这种色彩配套法最好的方式是冷暖色对比。这种配套计划本质上是高对比度配搭，对比鲜明、引人注目，但是两色并置时，边缘震荡激烈，让人眼花缭乱，所以最好降低色彩饱和度，或者一主一次，或者用黑灰白等无色系隔开。使用对比色彩配套时，往往以一种颜色为主色，然后寻找其对比色彩作为点缀色。例如背景是主色，需要强调的元素运用其对比色，这样就能得到亮丽而抢眼的色彩效果。

互补色彩配套计划利用互补色彩，这是比对比色彩更为强烈的搭配。其中，互补色彩计划还可以衍生出多种组合方式，例如分离的互补色彩配套计划。这种配套计划是在互补色彩配套的基础上，运用一个主色以及与这个主色的补色相邻的两个颜色，这样可以增加色彩的层次感，产生更多的变化。分离的互补色彩配套计划的对比依然强烈，但由于采用了与互补色邻近的两个色彩，因而弱化了两个互补色彩之间的紧张性。

分离的互补色彩配套设计在实际设计中使用得很多，它的形式十分灵活，

图 5-9　互补色彩或对比色彩视觉冲击力强，为了避免出现混乱的视觉冲突，应当小心使用。

图 5-10　无论是互补色彩还是对比色彩，都具有强烈的视觉冲击力。对比色彩虽稍微温和一些，但同样是十分醒目的色彩搭配。如果要减少这种视觉上的强对比效果，可以增加或降低亮度与饱和度。在空间的使用中，通常以具有后退、稳定感的冷色为大面积的主色调，而具有前进、跳跃感的暖色则被用于小面积的点缀，以达到色彩的平衡。

图 5-11　在对比色彩的基础上，可加入第三个对比色，称之为分离的色彩对比配套计划。这种方法可以减缓色彩的震荡，丰富色彩的层次。例如红色与绿色是互补色，通过用两种绿色与红色搭配，则可以分散互补的色彩冲撞；或者加入绿色的邻近色蓝色，如此一来，红色、绿色与蓝色三者之间形成的视觉关系也可以减弱互补的色彩冲撞。对于类似的方法，设计师可以灵活运用。

而且不像互补色彩配套计划那样过于强烈，因而搭配出来的配套产品更容易让消费者接受。例如室内纺织品中，主色调绿色的补色原为红色，而若使用分离的互补色彩配套计划，采用红色的左邻近色橙色及右邻近色紫红色，便可形成更为丰富的层次效果。该配色计划在配色的时候，还可以巧妙地通过色彩的纯度与明度变化来丰富视觉效果。

优点：对比色彩配套计划 / 互补色彩配套计划能提供比其他配色方案更强的对比度，可以形成视觉焦点，最大地吸引关注度。

缺点：比起单一色彩配套及邻近色彩配套，对比色彩配套计划 / 互补色彩配套计划比较难以保持视觉协调与平衡。

提示：适当调整色彩的面积和搭配方式，可以更好地利用这一色彩计划。为了获得最佳的效果，建议以冷色调为主调，点缀以暖色调色彩，也就是以冷色调为主体色调，占较大面积，而暖色调用于小面积的装饰。这是因为暖色调有膨胀感，大面积使用会产生视觉冲突，而冷色调有收缩感，能够较好地取得视觉平衡。如果以暖色调为主色调，则建议降低对比色调的饱和度以取得平衡。

2. 图案配套法

装点纺织品的各种图案既是纺织品设计的重要元素，也是提亮家居生活的靓丽风景线。纺织品的图案是文化的沉淀，对于塑造纺织品的个性起到重要作用。与平面设计不同的是，纺织品的图案设计必须与材质和工艺技术相结合。设计师在进行图案设计时，需要同时考虑图案最终会应用于哪种产品上，用什么材料，以及使用什么加工工艺最为恰当。例如，图案如果被用于较为粗糙的棉麻或者涤棉混纺材料上做印花处理，那么图案的线条粗细则有讲究，一般不会使用过于纤细的线条。纤细的线条在印花过程中，由于面料粗糙的质感及纱线之间的缝隙，会出现断断续续的情况，从而影响图案的整体效果。又例如，在面料或墙纸上采用绣花工艺制作图案时，丰富的色彩渐变效果是难以实现的，也会增加制作成本及难度。

除了上述的图案设计原则，还可以根据一些图案配套的方法来进行配套设计。

（1）相同图案配套法

完全相同的图案重复应用在配套的室内纺织品中时，重复的图案之间会形成视觉联系性。这些图案造型相同，但由于大小、色彩、材质等方面的不同，呈现出不同的效果。由于只需要采用一种面料进行各种产品的加工，或者只需要一套花样应用在不同材质上，相同图案配套法对于降低产品造价、节省开发时间等都有重大帮助。这是较为基本的一种配套方式。

在实际设计中，相同图案配套法常被灵活运用，以达到不同的效果。

第一种是利用同样纹样及色彩的面料，常使用于窗帘、坐垫、坐墩、抱枕上，面料上的图案或纹样自然构成了配套的系列感。在相同图案形成配套的同时，以色彩的变化来形成差异化，能增加整体配套的层次感，弱化视觉重复性。

第二种是利用材质的不同，来达到相同图案配套的效果。如将同样的图案用于墙纸及沙发面料上，由于材质的不同，例如墙纸上的图案可以利用珠光印花来形成亮面光泽，而沙发上的图案可以采用植绒工艺来体现哑光而含蓄的质感。两者对比，一个醒目一个内敛，既形成配套的感觉，又有互补的效果。由此可见，在以相同图案来进行产品的配套设计时，图案的色彩及材质都是形成层次感的可变因素。

第三种是利用图案的比例大小来构筑丰富的效果。在图案造型相同的情况下，改变图案的大小及排列方式，可以增加图案效果的丰富性。不同大小的图案的排列，使配套产品之间产生了主次、松紧等层次变化，增添了趣味性。这种配套的方式可延伸到许多方面，最常用的搭配方式是在面积较大的

图 5-12　被套及枕套使用了相同图案，两者在视觉上自然产生了关联。

产品中，选择使用四方连续排列；而在面积较小的或点缀性的产品中，使用单独图案或适合图案排列，以起到画龙点睛的作用。

因此，在纺织品配套设计中，设计师即使只是使用同一个图案，也要学会在不同产品之间灵活运用这一元素，而不能像盖印章一样简单重复。但同

图 5-13 Luiz 品牌床品。为了避免相同图案面料的单调，被单和装饰枕头使用了与主体色彩相对比的紫色。

时，纺织品的生产也受到工艺及成本的限制。设计师在考虑配套效果的同时，也需要对产品造价及所应用的工艺有充分的了解，能够在不同的造价及工艺要求的基础上，做出各种对应的款式。例如一套床品中，枕套和被套采用同样的图案，但大小不同，使用丝网印制工艺印在面料上时，需要制作一大一小两套版；如果是多色图形，更需要另外制作多套丝网版，无形中就增加了整体成本。通常在中低档产品的开发中，为了节约制版成本，不会采用这样的配套方式，而是枕套与被套采用同样的面料，以简化程序及节省造价。在数码印花技术逐渐成熟的今天，这种问题很容易得到解决，例如被套的图案仍然用丝网印制，而枕套的图案部分可改用不需制版的数码印花，这样的做法既优化了产出的速度与质量，又降低了造价。

(2) 相关联图案配套法

相关联图案配套法之一，是利用图案的视觉延续性。利用同种技法或者材质、工艺来体现图案，能够使配套产品系列在视觉上形成统一。例如同样

图 5-14　布艺上的图案有些类似但又有所不同，但因其都是以动物皮毛纹理为图案而产生关联。

都是利用刺绣来加工的图案，在配套产品中比较容易形成配套感。

相关联图案配套法之二，是利用图案的寓意关联性。在这种情况下，设计师所运用的图案，通常都有相关的寓意，例如特定搭配关系的一些纹样，男女、龙凤、刀叉、字母等。此类图案虽然在造型上有所不同，但是只要摆放在一起，就能让人们联想到同类事物。

（3）主题图案配套法

主题往往是一套纺织品配套设计的关键所在。设计师应围绕主题尽可能地调动各种元素，通过不同的元素来体现这一主题。一套纺织品的图案可能

图 5-15 伊斯兰主题的配套纺织品。经典的六角形瓷砖图形和扎染图形，都是伊斯兰传统装饰纹样的一部分，加上色彩的精心处理，整体搭配十分协调。

图 5-16 中国主题的配套纺织品。这些纺织品采用了红蓝、红绿等中式面料较常运用的色彩搭配，衬托出中式风格的独特气氛。但细看物品上的纹样实际上都有所不同，有亭台楼阁纹样、龙纹、回纹、云纹、团花纹等。这些有中国特色的图案交织在一起，使得主题十分突出。虽然整个空间中的家具样式几乎都是西式的，但通过这些主题图案的点缀，人们还是可以感受到浓郁的中国气息。

会有不同的造型、色彩、表现手法、加工工艺，但它们都能在设计师的精心安排下巧妙地融为一体，为同一主题服务。这就是主题图案配套的原则。可以说，这一图案配套方式是多种配套方式的综合，也最考验设计师的配搭功力。

(4) 主次图案配套法

无论是相同图案配套法、相关联图案配套法还是主题图案配套法，都需要遵循主次搭配的规律。室内纺织品配套的各种图案中，通常都只有一个主要图案，其他的图案作为辅助图案。这样的做法是为了避免太多图案堆积在一起造成混乱感。主次图案配套的方式，可以根据纺织品使用功能的不同，以及占有面积的不同等进行区分。花形图案通常被作为主要图案，而几何及肌理图案则作为辅助图案。利用图案的主次配套关系，可以搭配出松弛有致、层次丰富的视觉效果。如果只有一种主要图案而缺乏辅助图案，容易使产品显得单调乏味。不同的纺织品需要有不同规格的图案，一个图案难以适应所有的纺织品，例如应用于窗帘上的大花图案显得很大气，但将其运用在一个小的收纳盒上，则只能看到花的局部，失去了巧妙的布局效果。反之，家居中的纺织品如果有太多的主要图案，容易造成视觉上的拥挤堆砌感。

室内纺织品的主次图案配套法是一种十分常用的方法。纺织品的主次图案通常以ABC版来表达：A版一般指整个配套产品中最为主要的，或者效果最为突出的图案，通常以花形图案为主；B版一般指辅助花样，通常以较小的花形和几何图案为主；C版则常用纯色衬布，或者肌理图案；根据产品配搭的需要，有时甚至有D版、E版。在纺织品配套设计中，ABC版只是一种术语，并非要求一定要A版即花形、B版即几何等。在设计中，ABC版选用何种花形、肌理和颜色，主要取决于设计师的设计理念。设计师可以运用各种图案形成主次的关系，视纺织品所需的配套效果而定。

图 5-17　上图是一套以孔雀为主要图案的床品，其辅助图案应用在枕头上，成了没有孔雀的繁花图案；下图则是以大象为主要图案的床品，其辅助图案由主要图案的局部变化而成。这两套 Urban Outfitters 的床品很好地诠释了主次图案的搭配规律。

3. 款式配套法

除了图案和色彩，款式也是纺织品设计的重要元素之一。很多时候，即使没有图案，只用款式也可以做出多种配套纺织品。通过缝制工艺将面料制作成带有某种造型的成品，这些造型结构就是纺织品成品的款式。举例来说，两片方形面料缝合在一起就成为一个基本款式的抱枕，如果在其侧面加上荷叶边，便是一个带有荷叶边款式的抱枕；如果在其侧面加上的是滚条，则又是另一种款式了。配套纺织品包含多种单品类别，产品功能各异，在整体造型上很难达到完全统一，但是可以通过边缘或表面的相同款式，来达到整体外观上的一致性。

款式设计多种多样，以服装为例，领口的款式有立领、圆领、一字领、V字领、小荷叶边领等，虽然只是一个细节的更改，但能使服装产生不一样的韵味。纺织品设计中有一些十分常见的基本款式，例如用于边缘装饰的款式，包括镶边、嵌条、绲边、流苏边、荷叶边、凸缘、绑带等。常见的用于表面装饰的款式，包括绗缝、打褶、拼布、荡条、抽褶等，现在人们还在不断地创新款式。同时，这些基本款式也出现了各种变化，例如荷叶边，便有单层荷叶边、双层荷叶边、褶皱很多的荷叶边、稍微有些褶皱的荷叶边、面料做成的荷叶边、蕾丝荷叶边、带有镂空绣边缘的荷叶边，等等。这些都是设计师根据不同风格的需要，所设计出的相对应的款式。

纺织品的款式可以为纺织品增值。如一套价格较低的床品四件套往往用的是最简单的基本款，四边内缝或做凸缘的效果；而一套价格较高的床品多件套则会用到丰富的款式细节，如边缘会用刺绣面料镶边，棉被表面会用绗缝，开口处也会用绑带增加装饰。可见，款式可以很复杂也可以很简单，主要的决定因素是成本。不同于印花工艺、绣花工艺等机械化生产，很多款式的纺织品都依旧需要人工缝制，如果一个车缝工人需要用两倍或三倍于一件基本款的时间，去制作一件款式比较复杂的纺织品，那么这件纺织品的价格需要至少两倍或三倍于一件基本款纺织品的价格。因此，设计师在设计的时候要考虑制作的难度和人工成本。计划大量生产的纺织品在款式设计上要易于操作，同时装饰效果要明显，可以重点考虑一些有机器协助的款式设计，例如机器褶裥、橡皮筋褶皱等。一些精品的、价位较高的装饰性纺织品，则

图 5-18 床品中的这些枕头都以缎带为装饰细节，运用在床品的边缘和表面，使这些纺织品单品之间形成关联性。该工艺同时也造就了床铺的款式特征。同时，这些穿透面料的缎带具有光泽感，与哑光的棉质材料形成了较鲜明的对比。

可以用较为复杂的款式，例如钉珠、打缆、穿带等。

服装与纺织品在款式设计上多有相通之处。服装由于潮流变更和季度性更替的频率更高，在款式设计上更丰富、更新速度更快。很多纺织品设计师在设计时，常会借鉴服装的一些款式。在这一点上，美国品牌 Anthropologie

图 5-19　上图中的床品以荷叶边为款式特征。带有褶皱的荷叶边与平挺、简洁的纺织品表面形成对比。为了适应各种产品，既有宽边的荷叶边装点在纺织单品的外缘，也有细边荷叶边装点纺织品的表面。

图 5-20　图中的床品款式以松果状半圆形为单元，用单元大小的褶皱面料车缝而成。这些褶皱连续运用在被套、枕头套等处，形成配套。纺织品的款式变化多样，很多款式都是在基本款式的基础上创新而来，如图中款式实际上就是常用的褶皱手法的变化。

图 5-21　此页与上一页插图都是 Anthropologie 品牌的产品，本页中的床品款式也是通过褶皱这一基础款式变化而来的。这一款的每个单元格都是方形的，中央以抓皱的方式收拢面料，纺织品表面形成立体效果。

做得很到位，从服装延伸到家居，二者在款式上相互呼应，在面料和图案色彩方面都有相关性。尤其是床品系列，床品服饰化是其重要特色。棉布花边、褶皱、打揽、刺绣、绗缝等工艺，将该品牌的床品变得如服装般美丽隆重，每一套床品都像是可以挂入衣橱的盛装。但需要注意的是，纺织品用于家居内，应以舒适度为主要设计方向，不能贪图视觉效果好而牺牲其适用性。一些纺织品面积较大，例如窗帘、墙纸、床品等，在运用一些款式时还要考虑其造价问题。

与款式相关的另一个重要因素是工艺结构图，设计方案中往往会有款式的效果图，但不会具体说明产品的工艺制作细节、结构和精确尺寸。因此，在交付打版师之前，设计师需要将产品的工艺结构进行规范化制图。关于工艺结构图的具体内容，我们将在第七章说明。

(1) 常见的边缘款式缝制工艺

绑带收口
常用在糖果枕的边缘收口位置

双层抽褶边
用轻薄的面料会产生更蓬松的效果

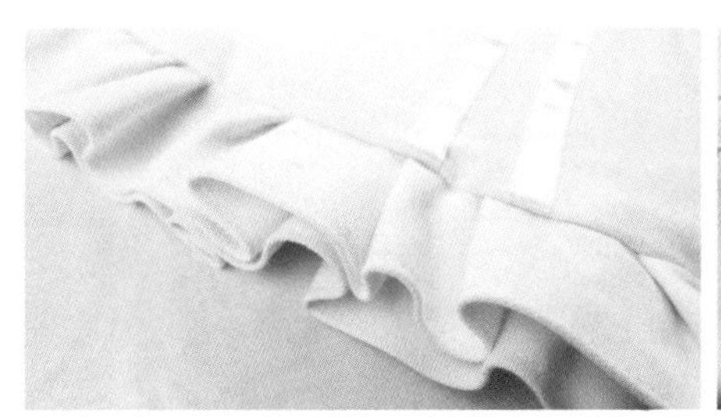

双层荷叶边
荷叶边可以是单层、双层甚至多层

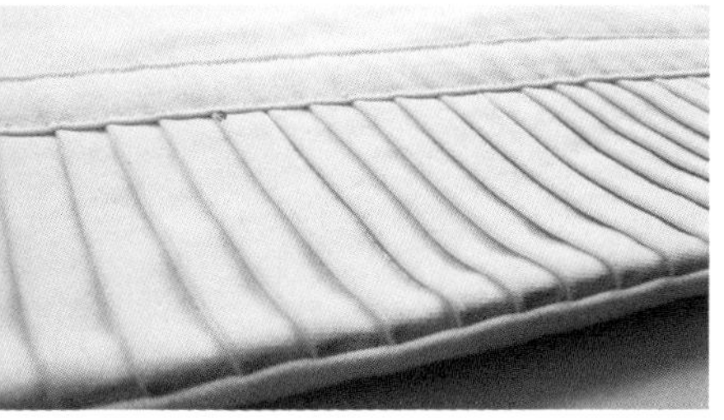

单向褶边
每一条褶裥都需要从内部缝合才不会散开

滚条边
滚条由斜裁布条包裹加捻绳构成

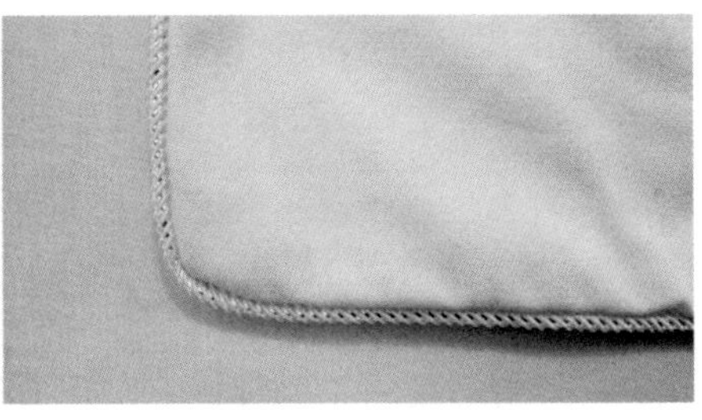

滚绳边
市场上购买的滚绳带的一侧有细布条

褶裥与滚条相结合的边饰

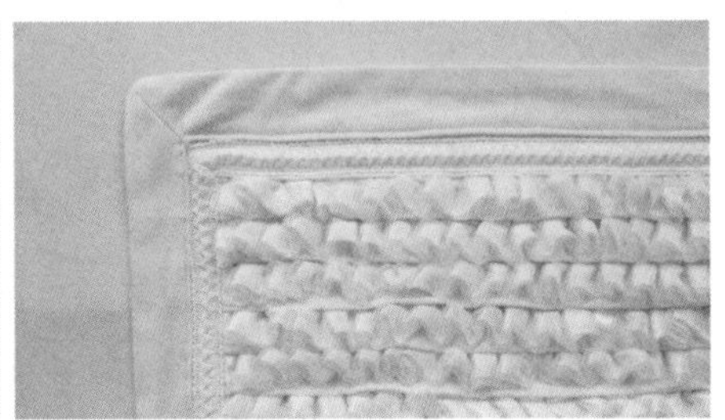

镶边与丝带相结合的边饰

(2) 常见的表面款式缝制工艺

变化式工字褶
将工字褶局部挑起缝合

图案绗缝
可以借助小型绗缝缝纫机及大型缝纫机完成

抽褶
布条两侧抽褶形成此效果

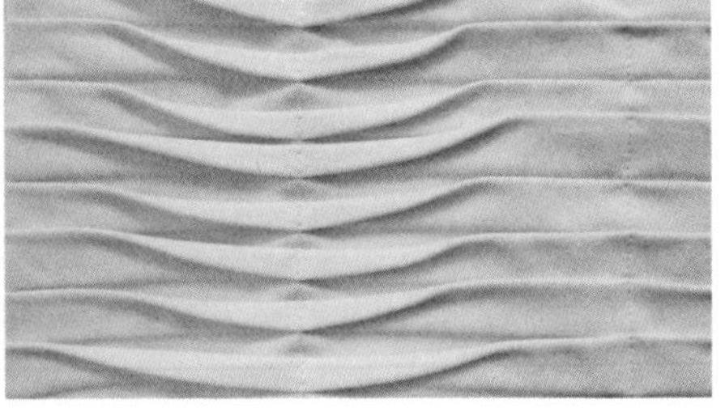

变化式褶裥
完成单向褶裥后，要进行反褶

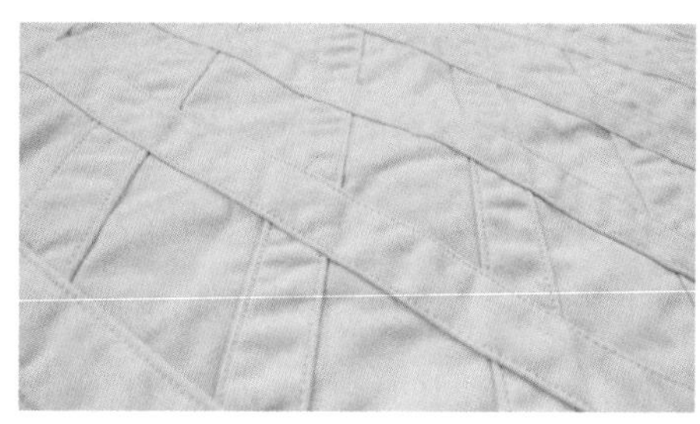

交叉排列的荡条
细布条两侧折尽，正面压明缝线

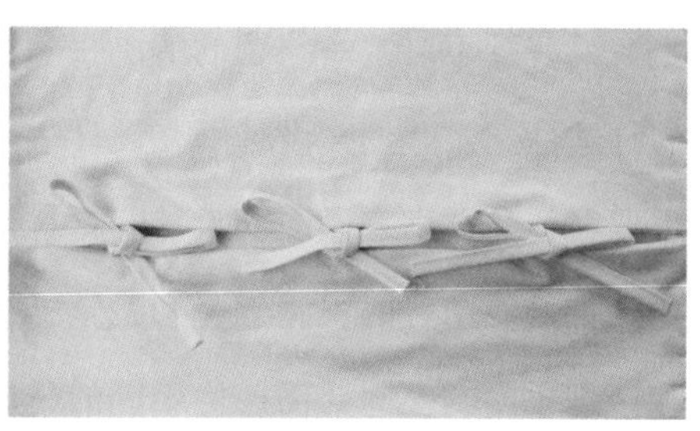

绑绳装饰
常用于开口处的装饰

正面打揽手法

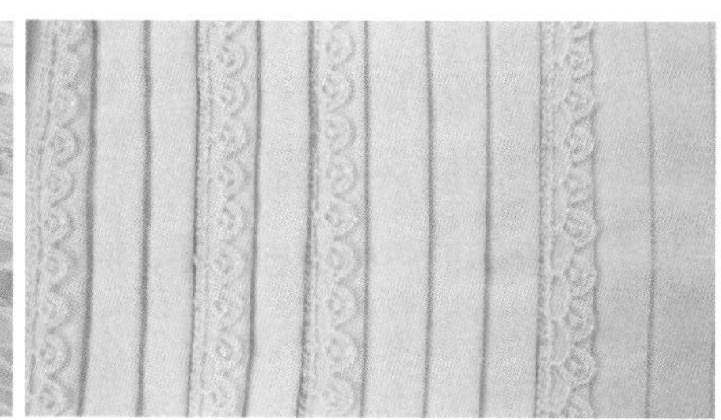

单向裥与花边的结合

4. 材质配套法

室内纺织品配套包括多种产品类别，这些类别由于使用功能的不同，对材料的需求也有较大的区别。常见的室内纺织品，如床品类，主要使用的是棉麻丝等自然材质织造而成的面料，与人们的肌肤更为亲近，对睡眠也起到促进作用。帷幔类由于特殊的遮光、耐晒、挡尘等功能，常采用化纤面料、涤棉混纺或者涤麻混纺等防霉耐用的材质。收纳制品作为一个新兴的门类，给人们的生活带来便利的同时，也让家居环境更为整齐和美观。收纳制品的用料十分广泛，从棉麻、化纤，到藤蔓、纸张、PU，无所不及。此外，墙面覆饰类主要使用纯纸、PVC、无纺纸等材质，地面覆饰则常用羊毛、腈纶及麻料等材料。

在如此众多的材料中，如何选择和配搭才能使配套纺织品产生和谐的整体效果呢？设计师在进行纺织品配套设计的过程中，遇到的最为头疼的问题之一，莫过于对这一问题的解决——在达到视觉平衡的同时，还要兼顾使用的舒适性。实际上，设计师在设计中，应主要把控材料的质感风格，而不是根据材料的类别来做配套设计。材料是按类别来区分的，而材质风格是按照材料带给使用者的视觉感受和触觉感受来区分的。相同的材料可能由于加工和处理手段的不同，而产生不同的材质风格，而不同的材料也可能表现出相同的材质风格。材质风格的搭配对于塑造空间的整体风格非常重要，但要在不同空间中实现不同品类产品的材质风格的统一、和谐并不容易。

（1）相同材质风格配套法

纺织产品的用料多种多样，同类材质的室内配套纺织品会给予使用者从视觉到触感高度统一的感受。在对不同材料的感知上，粗糙、哑光的材料给

图 5-22　左图中的抱枕材料带有中等的光泽，加上皮质沙发，整体给人一种低调奢华的质感；而右图中的抱枕和沙发材料则都带有温暖的哑光质感。

图 5-23　产品种类虽然不同，但材质风格却能将它们统一起来。棉质被套、黄麻地毯、羊毛毯子和藤编篮等材料构成了哑光材质的质朴风格。

人以原始质朴的感受；光滑、闪亮的材料则给人以时尚优雅的感受。同理，由相同材质风格的材料制作而成的配套纺织品，也会传递出相同的风格特征。故设计师可以利用材质特征相同的不同材料，来达到配套的效果。使用这种

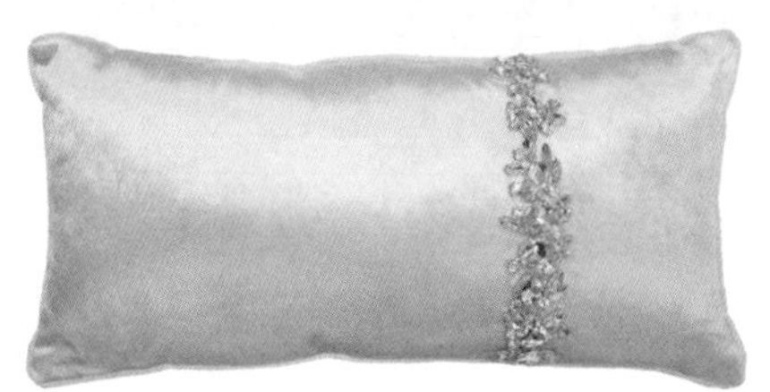

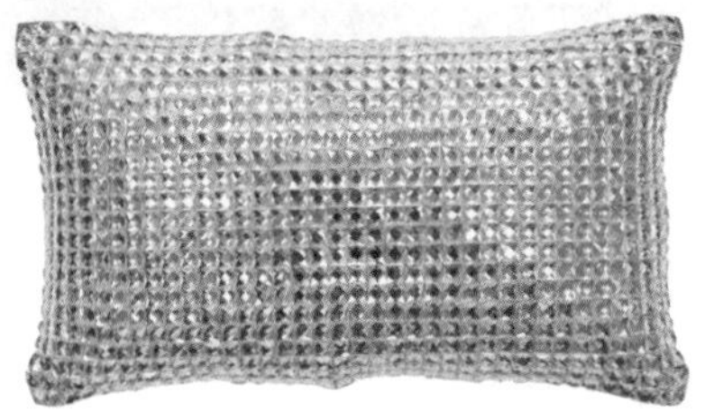

图 5-24（含右页图） 被套的缎面丝绸、枕头上的人造水晶，以及床披上的闪亮珠片，构成了整套床品华丽的材质风格。

配套方法，需要设计师广泛涉猎各种材料，不仅要对材料的原始质感有很清晰的认识，对材料的后加工处理也要非常了解。后加工处理可以改变材料的质感面貌，从而改变其材质风格。例如棉，通常给人以质朴温和的感觉，但通过轧光处理的丝光棉，却有了如绸缎般光滑柔顺的质感。

(2) 不同材质风格配套法

不同材质风格配套法是指将各种材质风格混合搭配，且有主辅之分的配套方式。此配套法最大的优点，是可以根据室内空间和功能的不同，灵活搭配不同的材质。相同的材质风格一般带有相似的视感和触感，如果能与不同材质风格的材料相搭配，则能在视觉上增加层次感，并丰富触觉体验。应注意的是，过多类型的材质容易产生混乱的感觉，因此应在相同材质风格配套

图 5-25　图中的墙面、窗帘、抱枕都是哑光的材质，地面铺的也是哑光短绒的地毯，这些材料看起来温润且很有亲和感。更为巧妙的是，一张富有光泽感的皮质沙发放置于此，打破了这种和谐感，在空间中增加了材料之间的对比度，从而丰富了材质风格与视觉、触觉感受。

法的基础上，再以不同的材质风格进行点缀。

在实际操作中，设计师一般会以某种材质风格的材料为主，再选用与其质感形成对比的少量材料去加以装饰。例如在一个房间里，先选择使用材质风格非常统一的材料，如粗糙、哑光的羊毛地毯，仿棉麻沙发，毛毯、植绒墙纸等，虽然这样看起来会很整体，但未免显得单调而不灵动。此时，如果加入以滑面的皮料、光泽的绸缎或闪亮的珠片作为主要材质的各色抱枕，则有助于打破整体的沉闷感。

第六章

制作材料版

1. 搭配材料

在运用配套法进行设计的过程中，设计师用勾勒草图的方式表达产品的款式、结构、色彩及图案，但材料部分却很难用草图表达。材料选择不仅依靠视觉，还离不开触觉，加上材料本身反射光线，拍得再逼真的照片仍然与原物可能存在差距，很难仅依靠图片来选择材料。故在设计的过程中，设计师必须亲自触摸材料。很多配套纺织品在设计的过程中，草图很完美、设计稿很完美，但制作出来后却与设计方案相差甚远，其中最可能出错的环节就是材料的选择。材料搭配得好坏对设计有极大的影响。当然，没有所谓好的材料或坏的材料，只有是否合乎定位和风格的材料。例如，如果一个高档的纺织品误选了低档的材质，即使再好的款式设计与工艺也无法挽救。我们在市场上可以看到，很多高端的纺织品都没有图案，色彩单一，款式简洁，唯一让其显得高档的是其用料。又例如，一套田园风格的纺织品若运用大量的皮草、仿皮、金银线大提花等材料，便会显得不伦不类，既没能表现出田园风格的恬静与质朴，也没能充分体现出材料本身的价值。

主题、产品类型、款式、结构、色彩及图案，都是影响设计师选择材料的因素，而材料的质感和材料之间的搭配关系又反过来影响设计，这种相互作用将贯穿整个设计草案的制作过程。如果在草案完全确定后再去寻找材料，

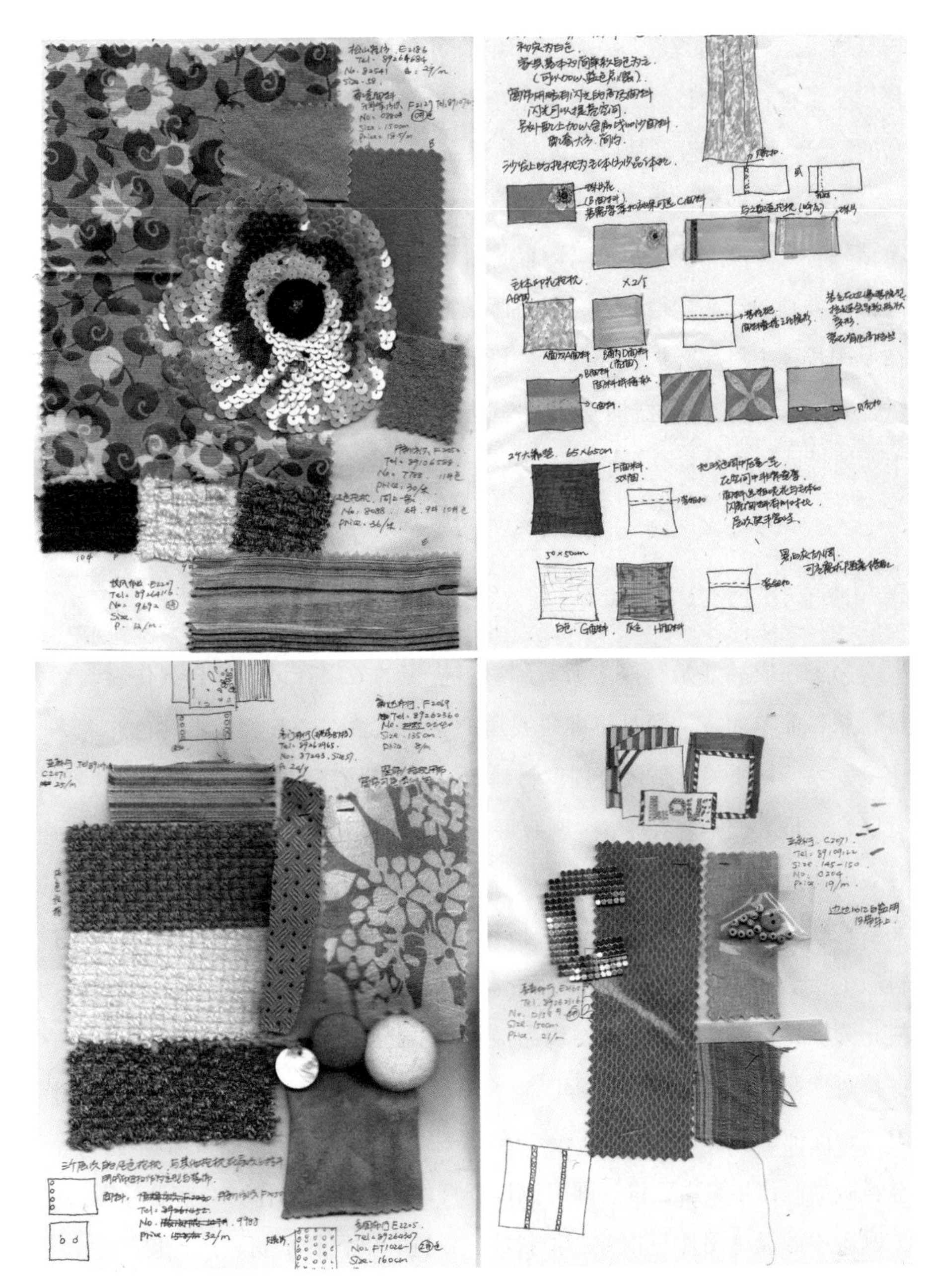

图 6-1 此作业的设计者首先进行了配套纺织品设计的市场调研，并明确了设计定位，在随后逛面料市场的过程中发掘材料，并进行款式构想设计，可见其款式设计与材料选择几乎是同步进行的。（学生：周冰峰）

一旦所设想的材料没有办法找到，则有可能需要推翻之前的设计草案；如果是找全了材料再做设计，则可能会出现在设计时发现所计划的材料配搭并不好的情况。因此，设计师应一边寻找材料，一边调整和修改草案。

市场上的面料、皮料等，根据其厚薄、手感、成分构成、织造方式、组织结构、光泽度、洗水牢度、耐磨擦性等的不同，适用于服装、窗帘、沙发等不同类别的产品。很多人会误将服装面料用于家居产品，但很快会发现其在使用过程中极易磨损。因此，当设计师在面料市场上看到很多类似的材料时，要深入了解这些材料的使用方式，辨别其细微的区别，思考其是否适用于所要设计的纺织品。

2. 制作材料版

为了在成品开始制作之前看到材料搭配的效果，设计师会制作材料版。材料版，简单而言，即是将准备要用的材料放置在一起，观察其色彩关系、比例关系、材质关系是否合理。材料版与主题版有一定的相似性，但两者也有区别，最大的不同在于：主题版展示的是整体氛围和灵感来源，设计师通过主题版反映设计理念，更好地梳理其设计的目的。因此，主题版所列出的元素往往只是一些参考对象；而材料版则主要表现最终成品所用的材料，材料版上所出现的所有物料，都必须与最终制作出来的配套纺织品所采用的物料相同。材料版相当于配套纺织品最终效果的缩影，因此与主题版相比，它更接近实际产品。这些物料可以涵盖配套纺织品的各个方面，包括主面料、附件、配饰、使用的纱线或绣线、图案，以及其最后展现出来的整体色调等。材料版的制作很自由，设计师可以根据喜好和习惯去制作。有些设计师会把主题版中的灵感图片与相关的物料放在一起，共同构成材料版；也有些设计师不使用图片，而是通过直接展示物料搭配来构成材料版。在制作材料版时，首先，切忌与主题版内容脱节，材料版应该是主题版的延伸和细化；其次，所用材料要真实反映物料的搭配效果。在最终成品的材料已经很明确的情况下，也可以跳过主题版直接制作材料版，这种做法可以兼具主题版和材料版

TEAM DARK
SHADES WITH
CRISP WHITE
ADD LAYERS
AND TEXTURE
MIX SEVERAL
TONES OF WARM
NEUTRALS
CLOCKWISE FROM TOP LEFT: Lisi Cobblestone fabric, £39.50 a metre, Romo. Cheslyn fabric in Linen/Cream, £49 a metre, Sanderson. Selection of sofa fabric samples, sofa.com and Loaf. Ripple double-width fabric in Chalk, £50 a metre; Ribbon double-width fabric in Linen, £92 a metre; both Harlequin. Paint cards, Malabar. Selection of stripe fabrics, Ian Mankin. Concave fabric in Onyx/Pewter, £35 a metre, Harlequin

图 6-2　材料版的制作形式没有具体限制。如图中所示，除了面料及色彩的体现以外，还可利用图片来增加对细节的说明。

图 6-3　面料生产商的布版上通常有材料的配搭指引，如把配套的面料组合在一本布版里，或者用图片展示搭配的效果。但由于设计要求的不同，设计师很难仅仅依赖这些已有的搭配来设计产品。

图 6-4　Calico 公司为顾客提供室内设计及家居布艺的定制，在顾客提供了意向图片之后，Calico 会为其制作如上图中的材料版，这些面料都是 Calico 公司生产的，并且会实际用于顾客的家居中。顾客所看到的材料版即是为他们量身定制的家居布艺的浓缩版。

两者的优势。

材料版的制作没有具体的版面要求，但要注意一些细节：其一，在最终产品中，面料的使用比例要在材料版上有所体现，主面料在材料版中占较大面积，辅助面料占较小面积。材料版上的面料占比与成品的面料比例如果不一致，可能会影响到整体的风格。其二，如果条件允许，最好将配件也呈现在材料版中，尤其是钮孔、编织带、五金件等，这些物品虽小，但对整体观感起重要的点睛作用，在材料版上呈现能更直观地看到这些配件与面料的搭配是否合理。

设计师在选购面料的时候，通常可以在面料供应商的布版上获得面料搭配的指引。很多布版都是按照一个空间内使用的各种功能的面料组版的，而且一种主面料会搭配两到三种辅面料，它们主次分明、色调一致。因此，有很多设计师会采用这种已经搭配好的面料去设计家居纺织品。当然，根据设计的主题和理念，面料的搭配可以更丰富、大胆。而设计师也不能完全依赖这些布版的搭配，因为多数布版都以同类色为搭配原则。

第七章

绘制效果图及工艺结构图

在未进行成品打版之前，为了快捷地表现最后的产品造型及搭配效果，设计师会借助手绘、电脑软件等，用绘制和贴图等方式做出效果图。效果图中的产品款式、使用场景等虽然是虚拟的，但可以从中看出产品之间、产品与空间之间的配搭效果，可以帮助设计师在正式完成整体设计之前，有一个直观的评判标准，有效减少最终成品的外观瑕疵和结构错误。

1. 产品模拟效果图

产品模拟效果图的制作是用手绘或贴图的方式，模拟出单件产品或多件产品的实际制成效果。产品的款式、色彩、图案及材质质感等，都会在产品模拟效果图中展现出来。产品模拟效果图的制作在设计的过程中进行，并可以作为打版时的参考样板。

产品模拟效果图的制作有两种方式：其一是贴图的方式，用于款式和造型比较常规，重点在于图案、色彩和肌理的创新的产品。首先，需要找到十分合适的、与产品图案类似的纺织品高清图片，图片最好是浅色调，以便于之后调整颜色；然后，寻找纺织品的款式与设计目标相近的图片，款式细节等若与设计不相符，可加以处理或修正；最后，利用真实的物料图片，在

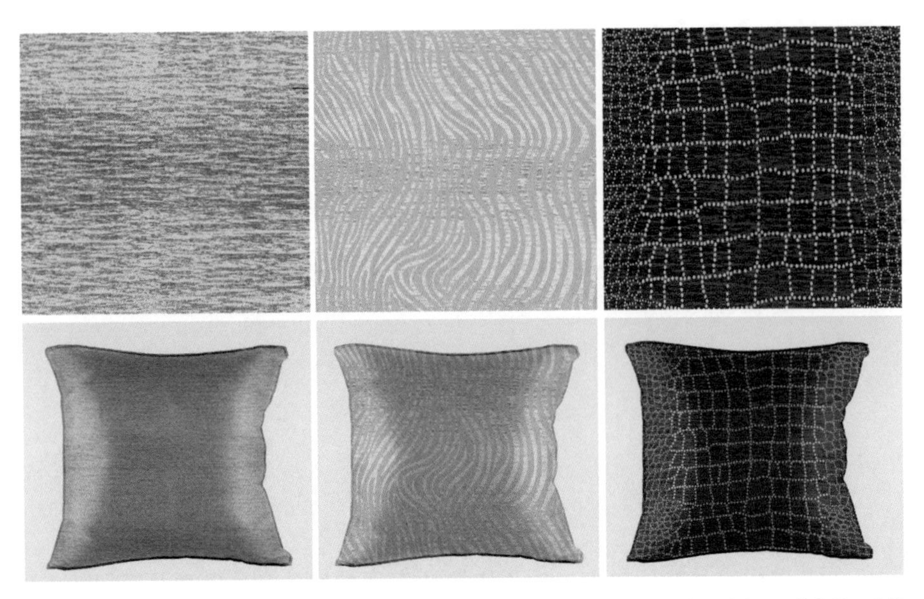

图 7–1 单个产品效果图。上排三张是面料图案的设计稿，为了使图案更接近实际生产效果，设计师添加了布纹底图来模拟实际面料的肌理；下排三张照片中原本是白色的抱枕，但可通过 Photoshop 软件将图案正片叠底到抱枕图片上，形成如上效果。（学生：黄先旺）

电脑软件中模拟出物料搭配的效果。这种表达方式比较快速，效果也十分直观，常用于窗帘、抱枕等产品。在制作效果图的过程中，设计师最常犯的错误就是尺寸。例如原本一个回位才 32cm × 32cm 的小花形，却被放大成 68cm × 68cm 贴在靠枕上。效果图效果与实际尺寸不符，花形大小差了一倍以上，这便达不到模拟的实质目的。

其二是手绘结合贴图的方式，适用于款式和造型比较独特，或者没能找到相类似造型的产品图片的情形，尤其是收纳制品及餐厨用纺织品中的盒、箱、袋类等。有立体造型的产品，往往结构及材料会比较特殊，因此，可以通过手绘产生立体造型后再进行肌理贴图、图案贴图和色彩调整。这种方式可以完整地表现造型、结构和尺寸，也可以随意选择角度来表现产品，不受图片素材的限制。此方式的缺点是光影及质感效果不及贴图的方式逼真。

产品模拟效果图可以是单个产品效果图，也可以是一组产品的组合效果图。一组配套纺织品中的每个单品都要服从于整体，单品也不一定件件都很精彩，有主要的产品便自然也有用于配搭的产品。因此，仅看单件产品是没有办法判断其效果好坏的，只有整体效果好，才能表现其配套的意义。例如，当一整套纺织品的特色是图案时，是否每一单品都要有图案呢？很多时候，只有主体产品是有图案的，而辅助产品则用素色，这样的整体效果会更好。整体产品的组合效果图提供了一种检验的方法，有利于设计师调整搭配效果。需要注意的是，当不同尺寸的产品放置在一起、需要做整套产品模拟效果图时，要准确度量单个产品的尺寸，以达到和实际成品相同的比例关系。

图 7-2　一组收纳制品的产品模拟效果图。约 11 种不同功能的收纳产品放置在一起，可以很直观地看到配套组合的整体效果。该效果图采用手绘板绘制产品的结构轮廓与色彩，并利用 Photoshop 软件叠加材质肌理。在做整体产品模拟效果图时，切记要把单个产品及其他产品的尺寸进行对比，避免尺寸与比例失真。

2. 产品平面效果图

平面效果图中的纺织品都以正面展示，这种效果图并不要求光影效果和立体感，主要是为了直观地呈现一套纺织品放在一起的效果。制作产品平面效果图时，要严格按照实际尺寸的等比例缩小规格来绘制。

设计师在制作纺织品的平面效果图时多使用 Adobe Illustrator 或者 Corel Draw 等矢量软件，首先描绘好纺织品的款式设计线框稿，然后处理带有图案或面料肌理的图片并将其填充于线框内，最后标注产品的尺寸及名称。

3. 场景模拟效果图

场景模拟效果图也叫空间效果图，是指通过软件来虚拟纺织品的使用场景。制作场景模拟效果图，首先需要有与设计风格相符的空间图片，通常使用真实的室内场景照片，利用真实室内场景中微妙的光影，来达到逼真的模拟效果。

实际上，设计师在工作中较少使用 3D 效果图来制作，因为 3D 效果图在纺织品的质感及光影效果方面不够逼真，显得呆板僵硬。场景图片的分辨率一般在 300dpi 以上，而且场景图片中的纺织品最好是素色及无图案的，以便于设计师通过 Photoshop 软件将设计好的图案、色彩、款式覆盖到图片中的纺织品上。在整个制作过程中，需要格外注意产品的光影明暗、花形的实际大小、物品的实际尺寸与质感光泽等细节的处理，以使效果更为逼真。

4. 工艺结构图

设计草图、设计效果图等都只是概括性地表达了产品的外观和规格，并没有具体呈现产品的工艺制作细节、结构和精确尺寸。在交付打版师之前，设计师要将产品的工艺结构进行规范化制图。这种规范化制图也简称为结构制图或工艺图，以便设计师进一步修正设计方案，对不合理的一些结构进行

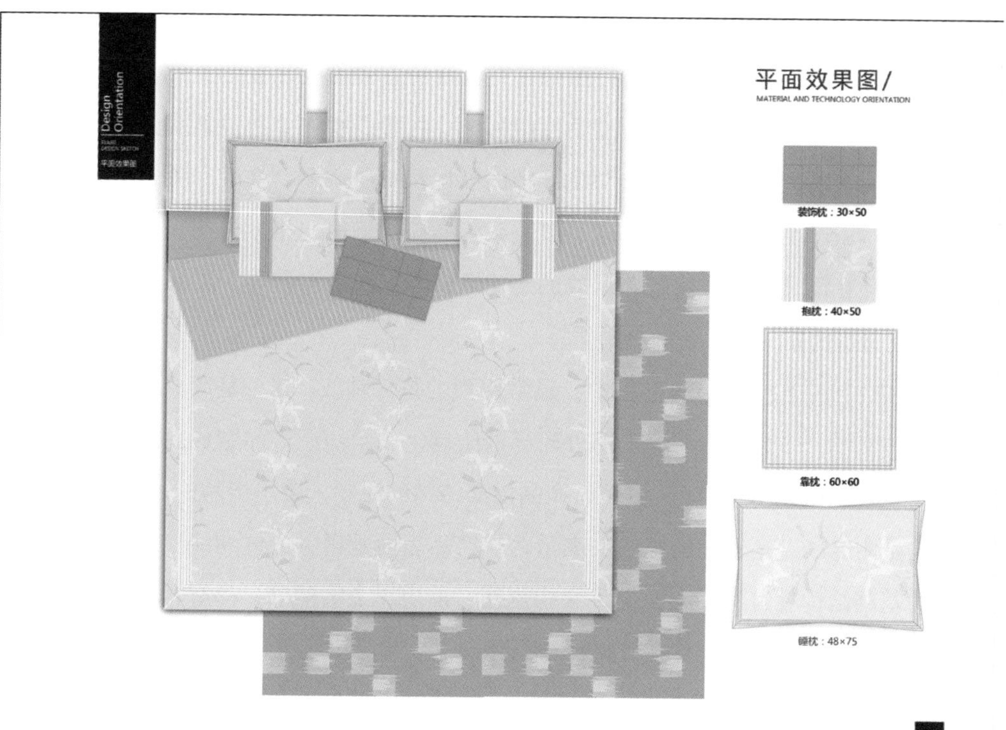

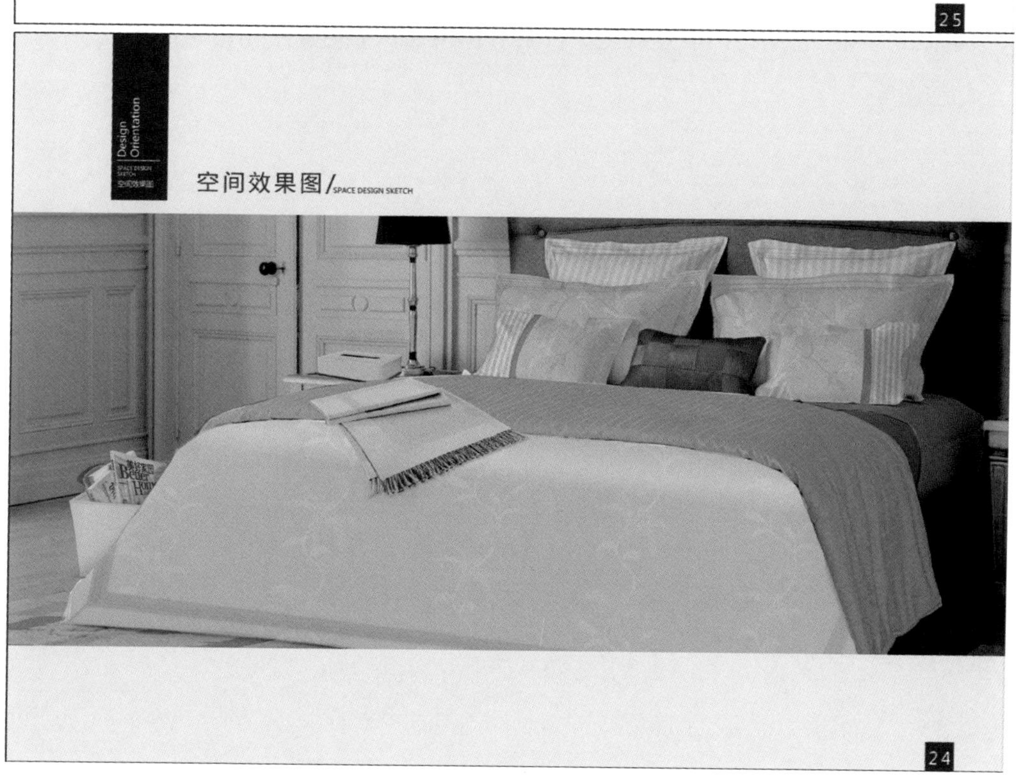

图 7-3　平面效果图从俯视角度展示了多件产品的组合效果。（学生：刘根 / 陈碧云）

图 7-4　选择卧室空间制作场景模拟效果图，以立体的角度展示了多件产品组合的效果。（学生：刘根 / 陈碧云）

调整。另外，这也是设计师与打版师进行沟通的有效途径。在企业中，工艺结构图一般制成制作单，然后交予打版师进行打版。制作单越清晰明了，打版师越能够快速顺利地制作出与设计师的设计相符的产品。在生产中，工艺结构图对于产品标准样板的制定，以及系列样板的缩放起指导作用。这就要求设计师在设计时十分清楚该款式的结构原理和制作的可行性，并对制作难度、耗材、价格等有一个初步的估算。

在绘制工艺结构图的过程中，最常用到的是三种线：其一是制成线，是较粗的实线，多数用于纺织产品外轮廓的绘制，表示纺织产品制成后的实际边线；其二是较细的实线，多用于产品内部结构的绘制，表示产品的内缝线；其三是明缝线，是较细的虚线，表示纺织产品表面看得见的缝纫线迹。常用到的基础结构有钉纽扣、拉链、装橡皮筋、抽褶、工字褶等，都有相对应的符号，这些符号的表达及应用如后图所示。

我们还在此部分收入了一些常用而基础的工艺结构图作为参考学习，如基础抱枕工艺结构图表达规范，配套餐厨用纺织品与床上用纺织品工艺结构图等。

标准工艺结构图表达符号

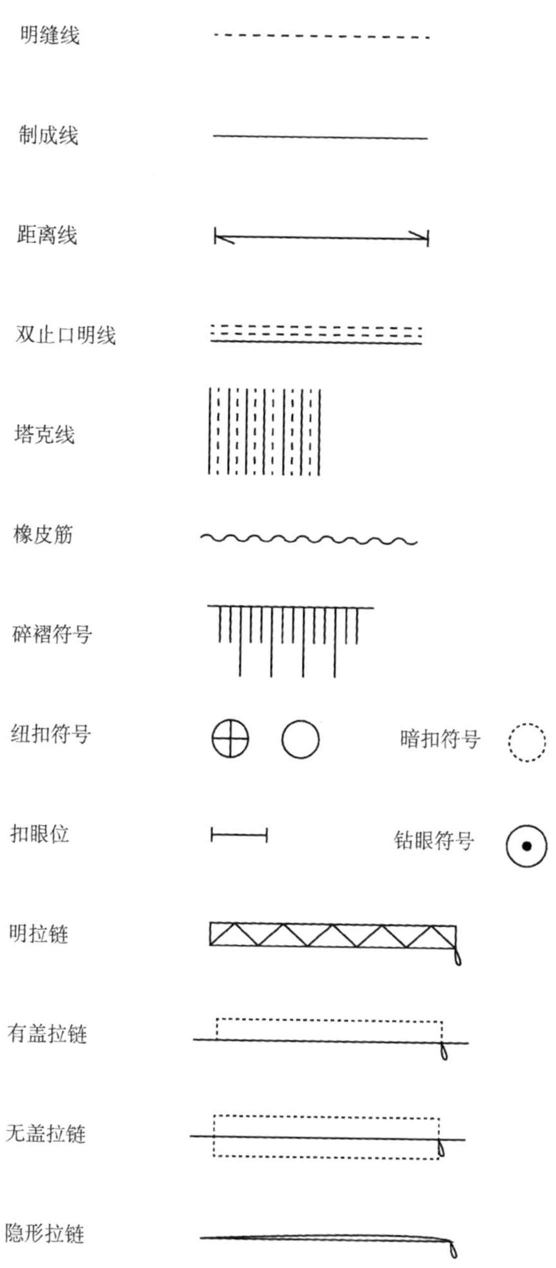

明缝线

制成线

距离线

双止口明线

塔克线

橡皮筋

碎褶符号

纽扣符号　　暗扣符号

扣眼位　　钻眼符号

明拉链

有盖拉链

无盖拉链

隐形拉链

图 7-5　(绘图：高洁)

标准工艺结构图符号应用示范

符号		符号应用图
纽扣符号		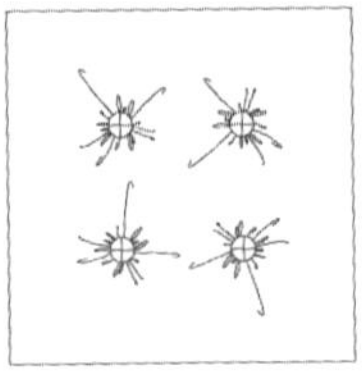
暗扣符号		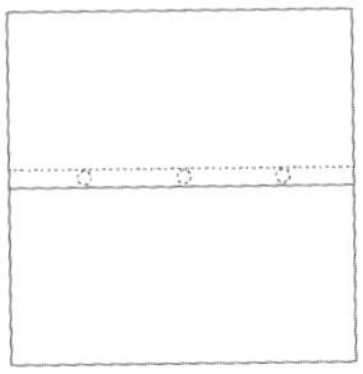
明拉链	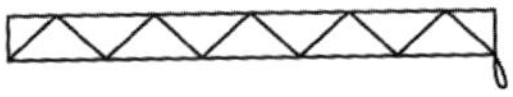	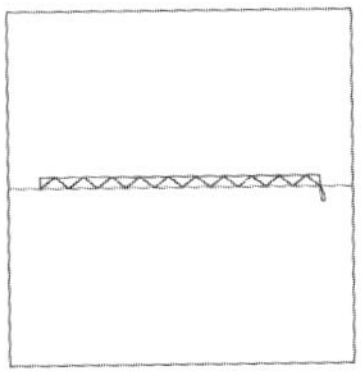
有盖拉链	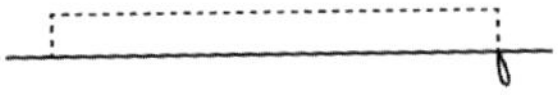	
无盖拉链	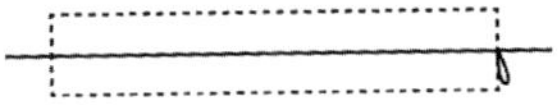	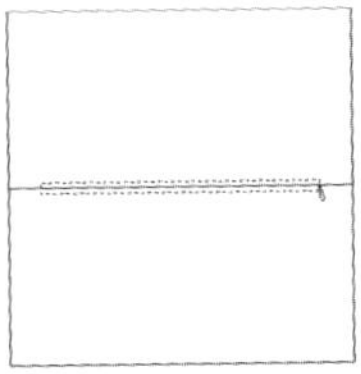
隐形拉链		
碎褶符号	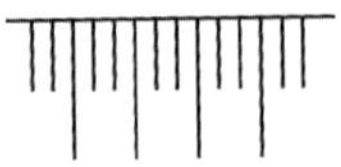	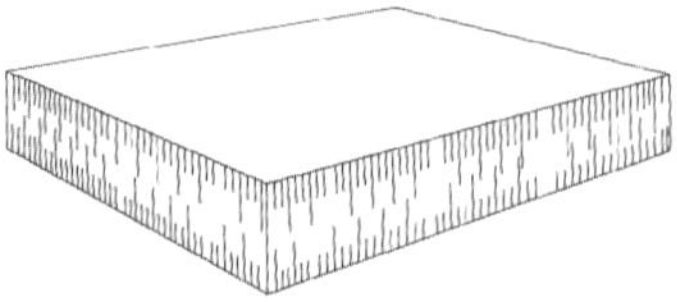

图 7-6 （绘图：高洁）

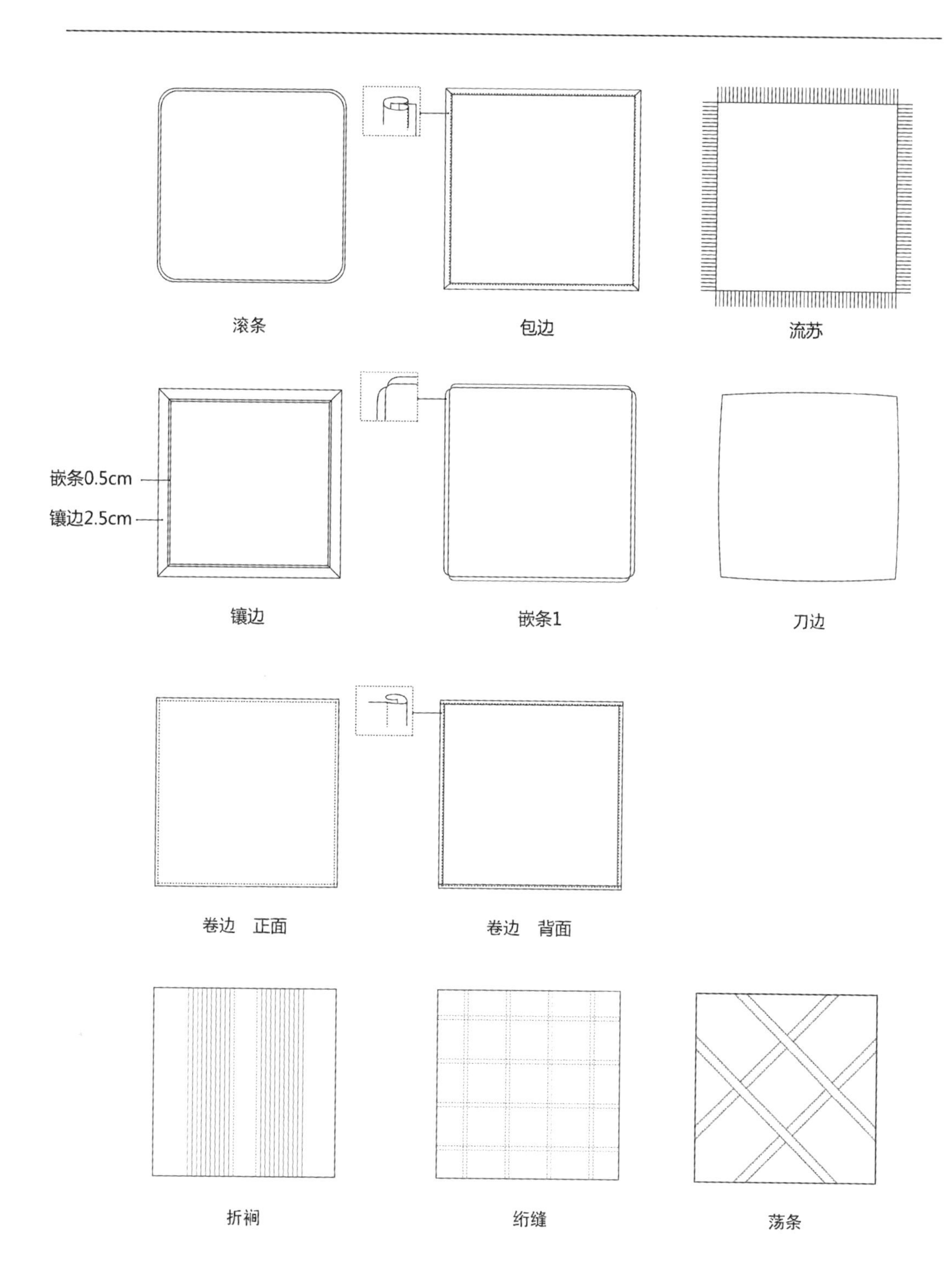
滚条
包边
流苏
嵌条0.5cm
镶边2.5cm
镶边
嵌条1
刀边
卷边　正面
卷边　背面
折裥
绗缝
荡条

图 7-7 （绘图：高洁）

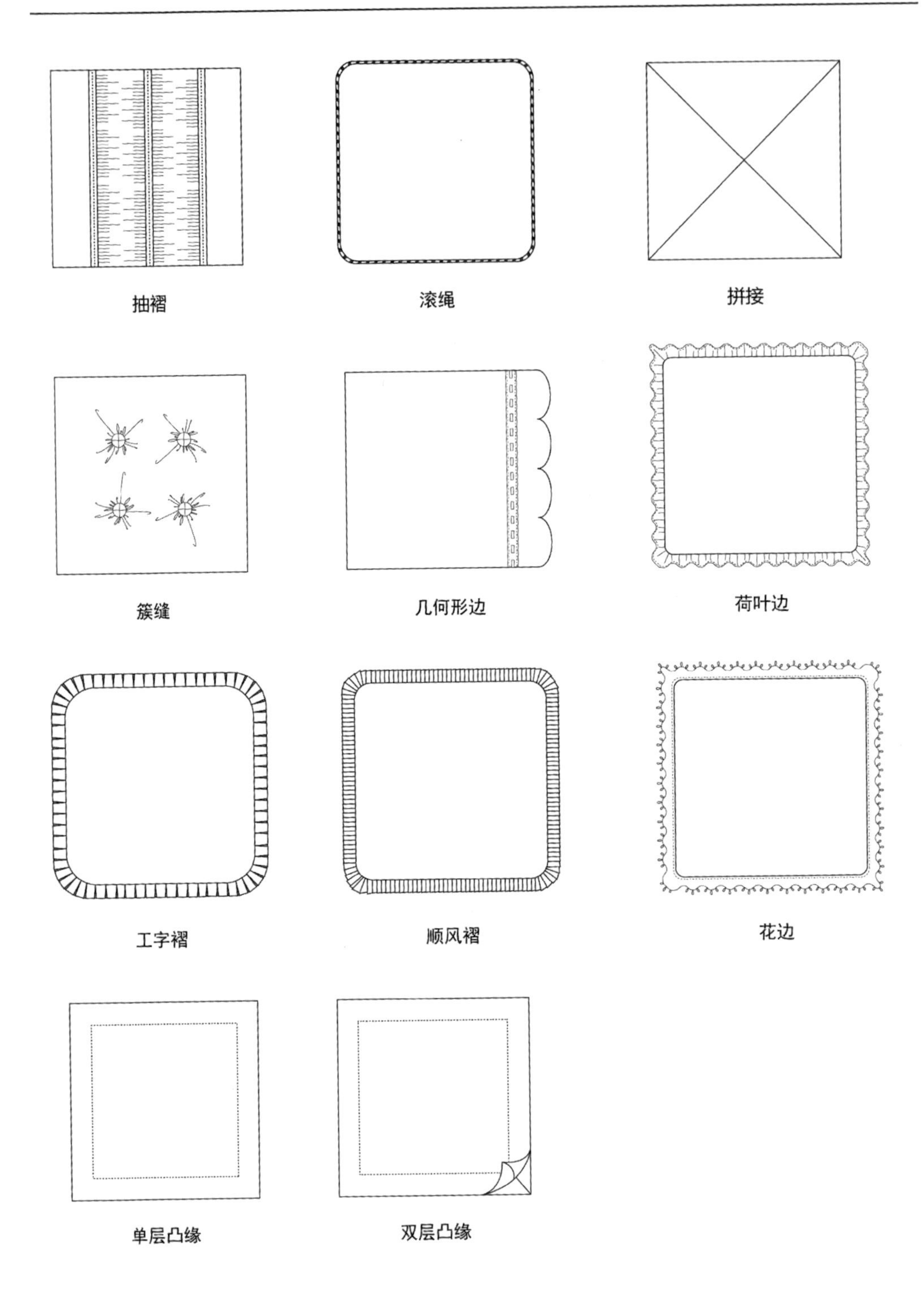
抽褶
滚绳
拼接
簇缝
几何形边
荷叶边
工字褶
顺风褶
花边
单层凸缘
双层凸缘

图 7-8 （绘图：高洁）

1. 配套餐厨用纺织品工艺结构图

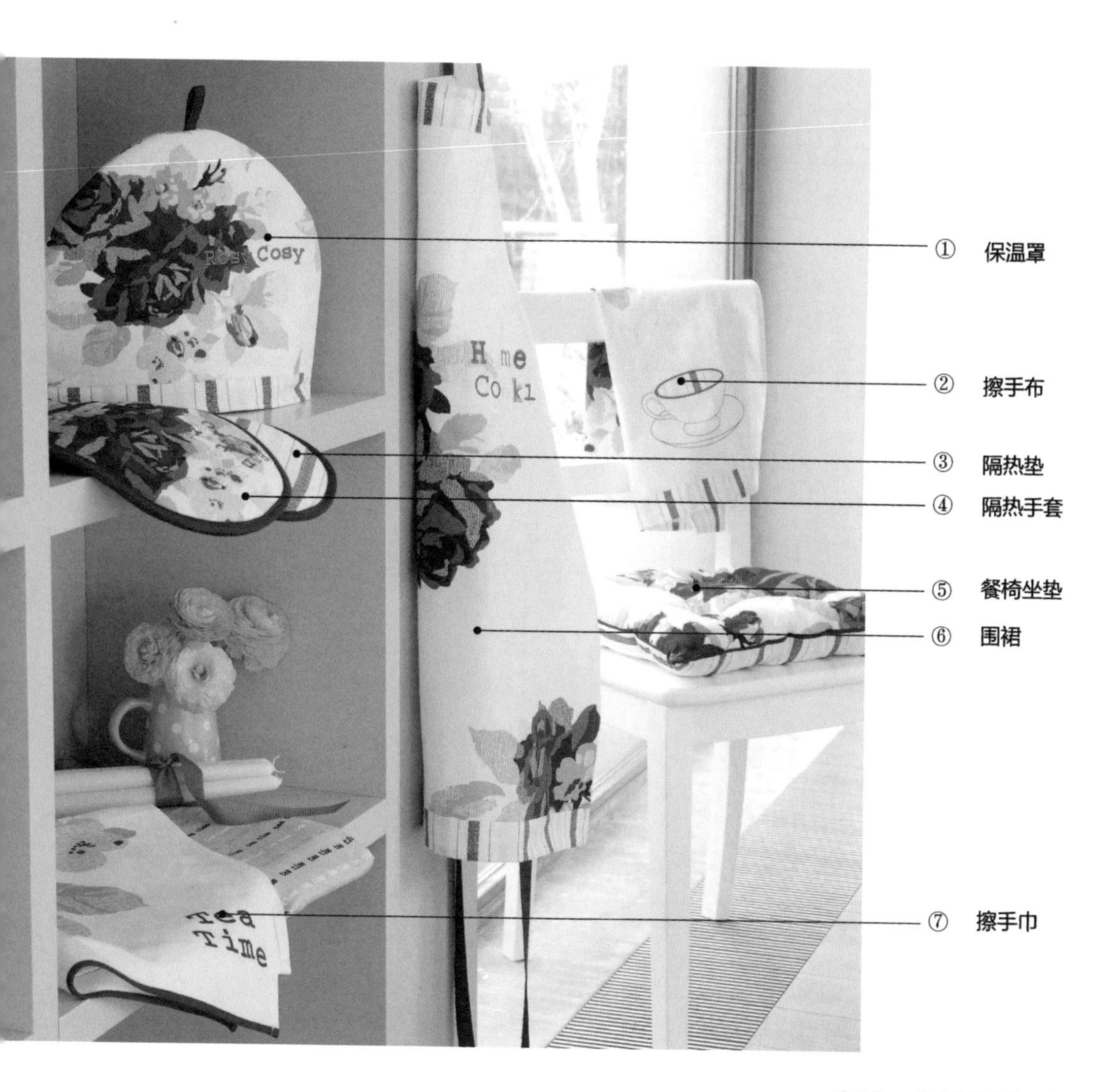

图 7-9　一整套餐厨用纺织品

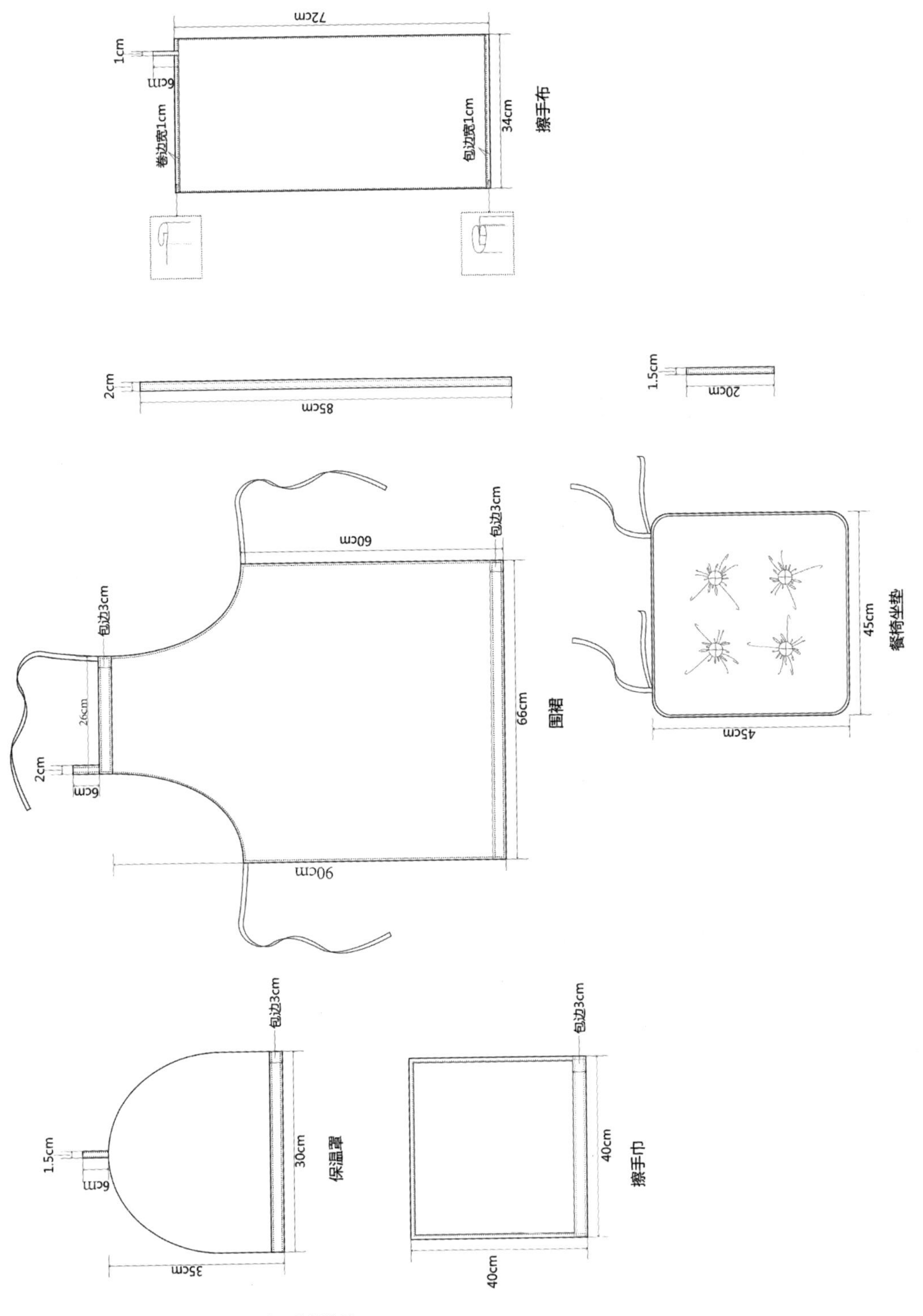

图 7-10-1　配套餐厨用纺织品工艺结构图

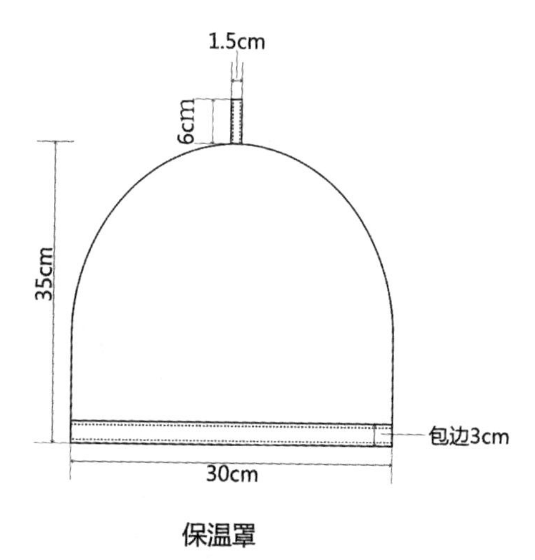

保温罩

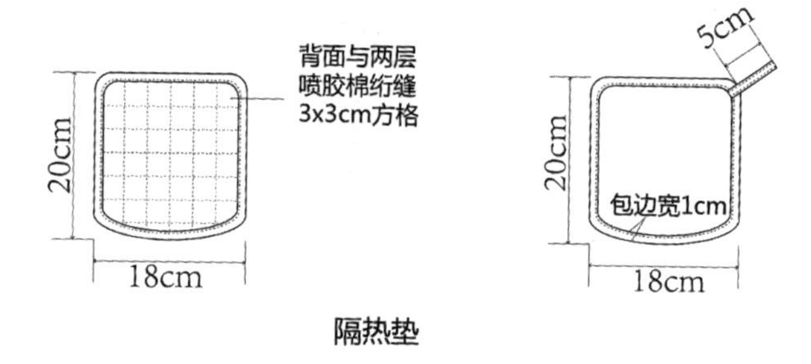

隔热垫

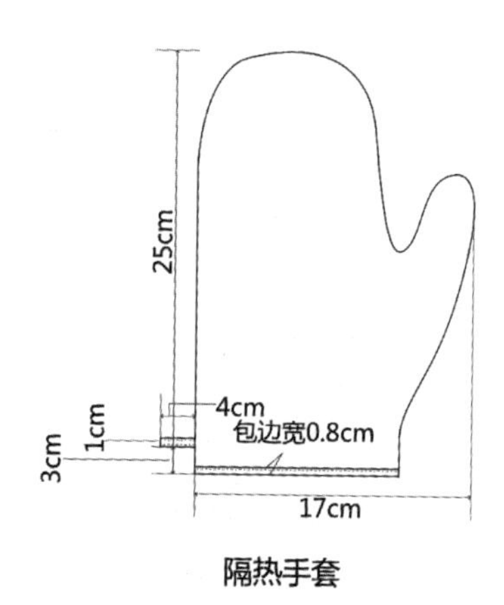

隔热手套

图 7-10-2　配套餐厨用纺织品工艺结构图

2. 配套床上用纺织品工艺结构图

图 7-11 一套多件套的床品，包括床单、被套、床盖、睡枕、靠枕及装饰枕，制作成如图中所示的效果，打版师需要掌握基本的尺寸、开口方式、表面拼缝方式等，这些款式结构的内容会用工艺结构图（右页图所示）详细表达。

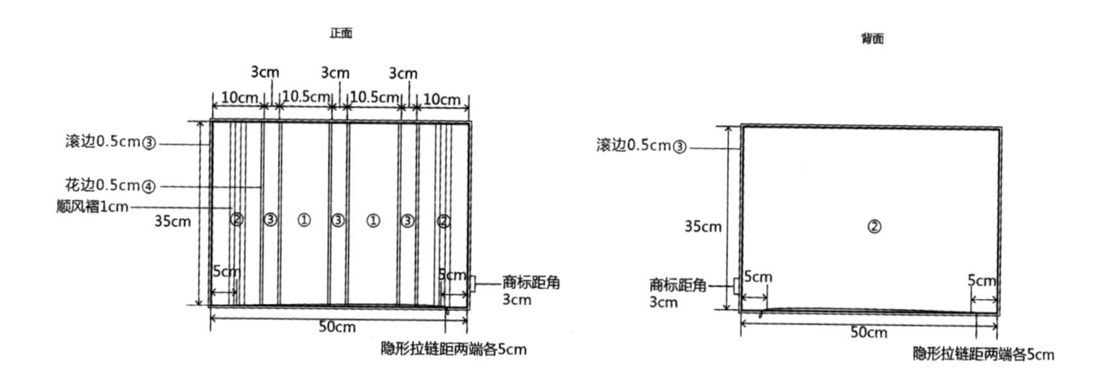

拼接小抱枕 30x50cm

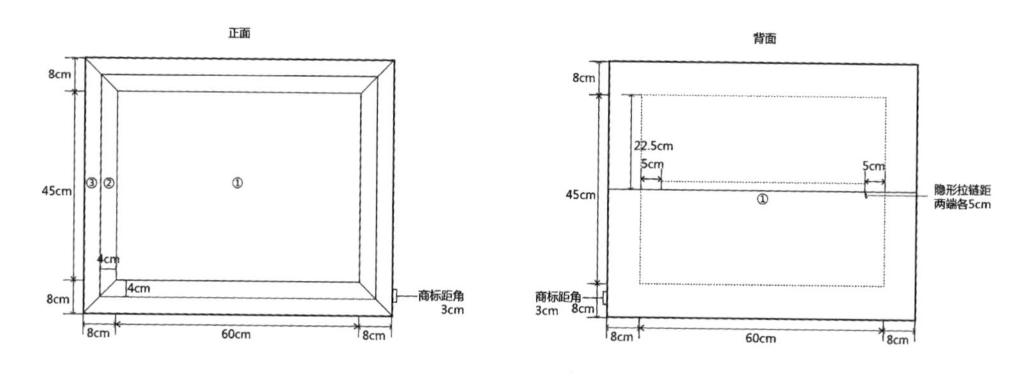

单边凸缘中枕 45x60cm

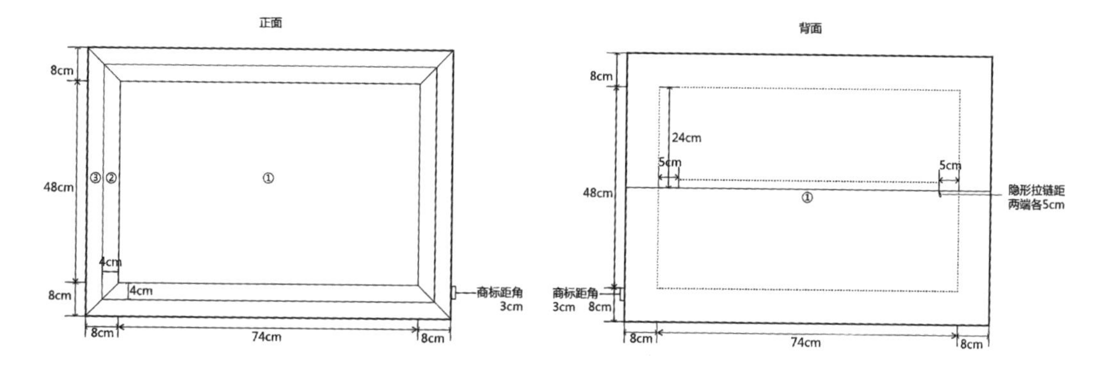

单边凸缘长枕 48x74cm

图 7-12-1 各种枕头的工艺结构图 1（绘图：王薇）

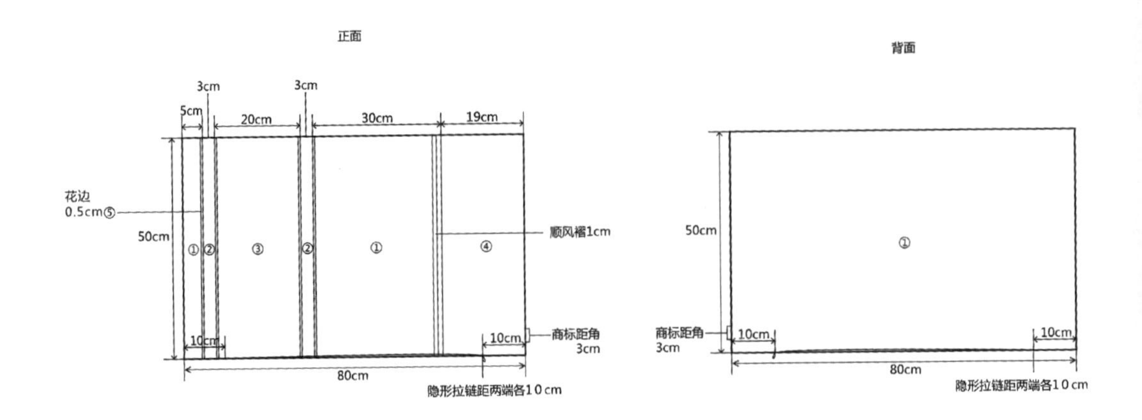

拼接长枕 50x80cm

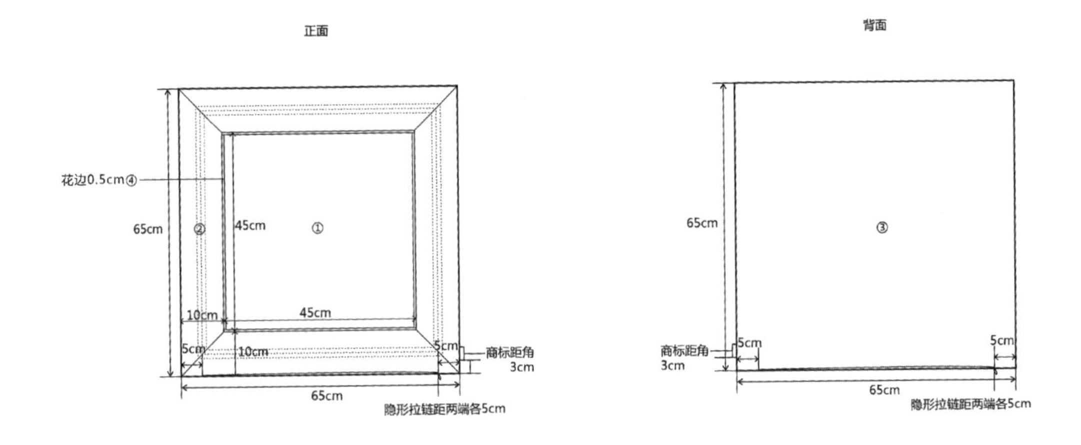

拼框方枕 65x65cm

图 7-12-2 各种枕头的工艺结构图 2（绘图：王薇）

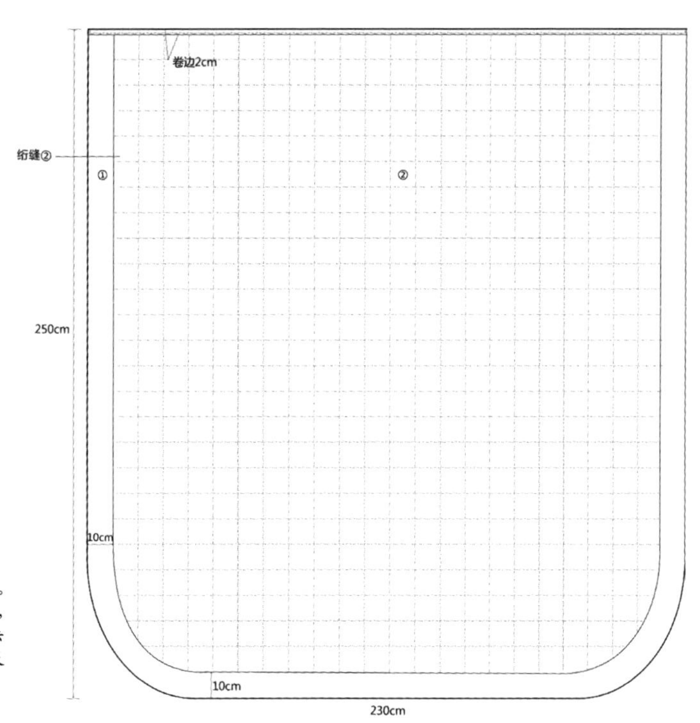

图 7-13 床盖的工艺结构图。此床盖表面增加了绗缝工艺，说明内侧有薄衬棉，这种做法常用于床盖、床罩、空调被及休闲被。（绘图：王薇）

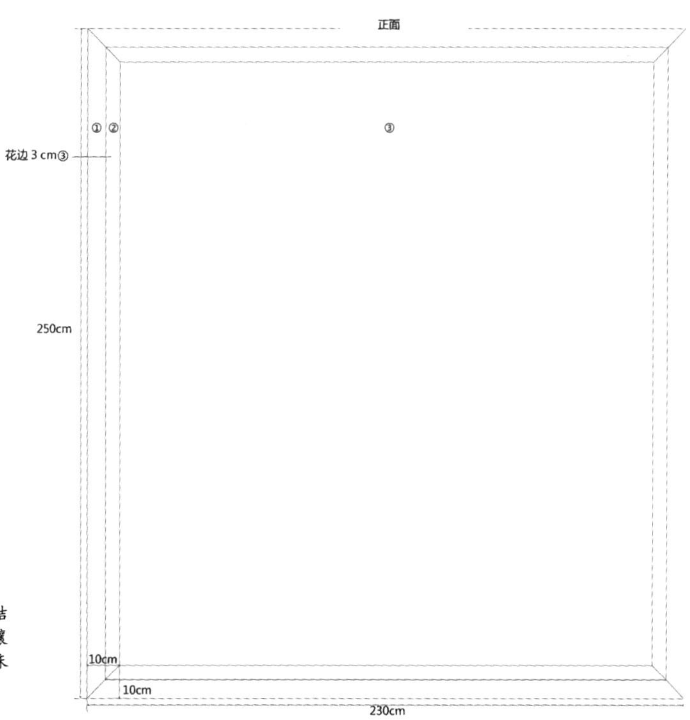

图 7-14 被套正面的工艺结构图。此被套正面四边做了镶边的结构。镶边结构常用于床品装饰。（绘图：王薇）

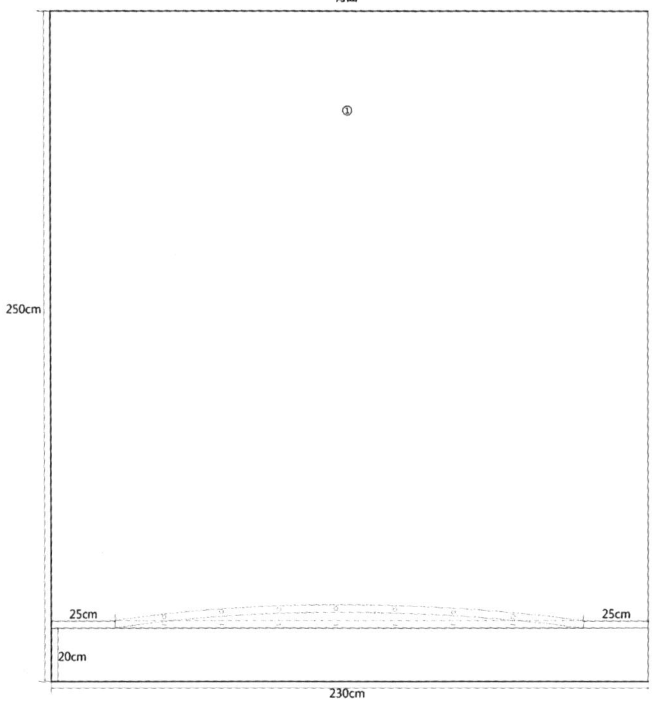

图 7–15 被套背面的工艺结构图。此被套开口方式为纽扣式。(绘图：王薇)

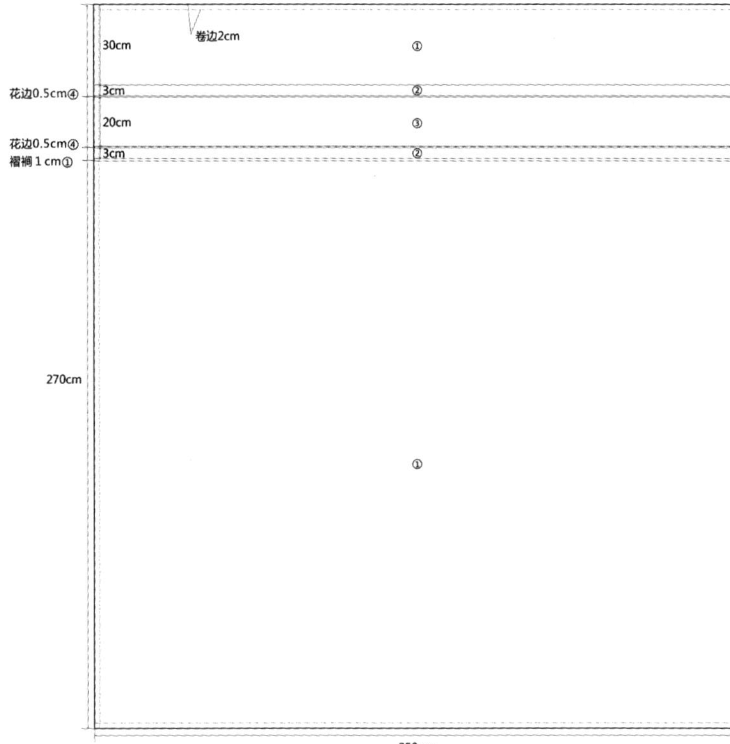

图 7–16 床单正面的工艺结构图。床单一般由单片面料制成，仅在四边做卷边处理。床单用于包裹、覆盖床垫，起到保洁的作用，一般结构简单，较少装饰。(绘图：王薇)

第八章

整合、拍摄与包装

一套完整的家居纺织品，除了主要纺织品以外，还需要一些辅助的装饰品，例如配件、配饰，以及各种器具，而所有这些都是为了营造整体气氛而增加的。增添这些辅助装饰品的过程称为“整合”。例如设计了窗帘的面料及款式之后，帘杆、帘栓、掀帘带等配件可通过采购的方式来获得；设计了一套收纳制品后，其搭配的烛台、香薰等可通过采购获得。辅料及装饰品市场本身也是一个很完善的行业，可选择的配件和饰品类型多种多样。整合的方法，既为设计师节省了宝贵的时间，也让外部资源更好地融合到设计中。设计师要做的是牢牢把握住整体的气氛和风格，避免整套产品的整体风格不会因为增加了一些物品而变得怪异。

整合的概念不是纺织品设计独有的，它的出现和家居装饰业的发展有关。近些年来十分流行的室内软装设计，实际上也就是整合设计。设计师针对某一室内空间，为其量身定制一整套的室内装饰内容。当设计师确定了整体家居的风格之后，便整合各个渠道的物品，通过家具商、面料商、饰品商、画商等取得需要的物品，最后在室内空间中完成搭配。同样地，商家们也看到了其中的商机，通过提供一站式的购物体验，让消费者在选购家具的时候，顺带连同纺织品、饰品、餐具、厨具等一起选购，因此催生了很多大型的家居品牌。这些家居品牌需要各种类型的产品，不可能完全自产自销，需要借助不同企业和工厂的力量，于是整合及代工等概念渐渐为人们所熟悉。

1. 整合配件

纺织品的配件是指主体布艺产品以外的，用于点缀或有具体功能的五金、塑料、木制品等。就像人在穿衣时需要考虑搭配的首饰一样，选择与布艺产品形成配套效果的配件能使产品增色不少。例如为窗帘选择搭配的帘杆和帘栓，杆头无装饰的现代样式帘杆与简单款的窗帘比较搭配，如果用繁重的水波帘头则会显得不伦不类；而杆头两端都有装饰头的帘杆则更适合比较古典的窗帘款式。在色彩方面，白色显得端庄，而古铜色显得华丽。除此以外，还有用于增加桌布四角重量的桌布坠子、用于卷起和固定餐巾的餐巾环、浴帘的挂钩等，它们都依附于纺织品，或者是与纺织品搭配使用的小物件。

设计师应选择与其所设计的纺织品风格相符的配件。在前文关于风格的章节中所提到的欧式风格、田园风格、现代风格、东南亚风格等，都有其特定的配件要求，如果错误使用不同风格的配件，就会破坏整体效果。欧式风格常用古铜色、金色或大理石材质，并带有古典纹理雕花细节；现代美式风格则喜欢使用带有斑驳肌理的材质，很多时候其所用配件都经过仿旧处理；田园风格常用木质、石材、陶瓷等材质，并配以绘有玫瑰花等田园花卉图案的细节，一套质朴天然的餐用纺织品若搭配一组金属餐巾环，便会破坏其风格气氛，而选择木质、贝壳等材质的餐巾环则相对和谐得多；现代风格常用玻璃、不锈钢、石材等材质，较少使用花纹细节，基本上都是几何纹理或无装饰。

配件的用材多种多样，玻璃、金属、木材、树脂等都可以使用，设计师选择配件时应选择与纺织品材质的相呼应的类型。设计师在设计纺织品的同时，应当多了解市场，多留意各种可以被用于纺织产品上的小配件。多数情况下，这些小配件都可为纺织品增添装饰细节，而如果善于利用配件，甚至能让配件成为配套产品的重要组成部分，一套简单而平淡的纺织品也能由于精致的配件显得熠熠生辉。

（右页图）图 8-1　纺织品用各种配件

2. 整合配饰

配套饰品是指家居中与纺织品相搭配的用品、装饰品。与配件不同，它们并不依附于纺织品或必须搭配使用，而是与纺织品一起，共同为家居环境营造风格和气氛。配套饰品种类繁多，包括灯饰、相框、镜子、装饰镜框、装饰画、装饰挂钩、收纳篮、杂物盒、碗碟、杯具、刀叉、托盘、餐巾盒、花瓶、烛台、香水、香薰等类别。对于这些，纺织品设计师难以一一进行设计，企业也不可能全部都自行生产。因此，采购及外加工是主要的获得方式。很多时候，整合配饰还包括纺织品本身，也就是说，即使一家企业只是生产配套的床品，也可以通过整合配饰，增添收纳制品、地毯、毛毯等，来完成整个卧室空间的配套。

整合配饰为的是烘托出整体的气氛，完善使用者的体验，增加产品之间的关联性，让风格更为明显。林林总总的各式配饰如何与纺织品相配套，考验的正是设计师对于整体风格的把握能力。能对配饰的风格产生直接影响的是材质及其装饰细节。例如一套欧洲古典风格的纺织品，会选择镀金雕花装饰的金属器皿、镀金仿古的木框、古董钟、高脚烛台等作为配套饰品；而一套西班牙地中海沿岸风格的纺织品，则会选择仿石膏雕花树脂烛杯、漆白斑驳的雕花木质画框、铜质餐具等作为配套饰品。

3. 选购清单及物料报表

设计师在整合配件及配饰的过程中，需要养成一个良好的习惯，把所有可供选择的饰品的供应商及物料信息记录下来，并且清晰地罗列出来。这些选购清单对后期的每一次产品开发都会有参考价值。在设计方案的配饰部分，可以制作一份物料报表，将已经确定选购的物品信息整合在一起，完整地展现所有物品。选购清单及物料报表中应该涉及的具体信息有：商品的名称、价格、详细规格、具体材质说明、经销商的联系方式，以及相关的备注等。

图 8-2　各种配饰可与纺织品一起，共同为家居环境营造风格和气氛。

图 8-3　家居品牌在配饰方面充分利用了全球化的优势，很多配饰设计师难以一一进行设计，企业也不可能全部自行生产，因此采购及外加工是主要的获取方式。

图 8-4　大到家具，小到茶杯，设计师都根据整体氛围的需要进行配置。适合的物品放在一起时，可以相互烘托，形成整体的气氛，完善消费者的体验，并增加其购买欲望。这也是为什么越来越多的家纺品牌、家具品牌、装饰品品牌公司都在尝试逐渐转为家居品牌的原因。

4. 拍摄与制作图册

配套纺织品完成制作后往往会配以图册，用于各种推广宣传。无论是在线上的网店，还是在线下的商店向消费者推销产品，图册都是十分重要的。与产品效果图及场景模拟效果图不同，图册中使用的是制作完成的实物照片，效果更加逼真，也对消费者更具参考价值。

单件产品的拍摄一般是空白背景及多角度拍摄，组合产品的拍摄则要有合适的背景。拍摄的背景不一定是家居环境，也可以是自然环境、一面斑驳的墙，甚至水下环境等等。此时，在设计开始时所制作的主题版会起到作用。根据一开始所设定的主题，结合企业的定位，主题版可帮助摄影师寻找合适的拍摄背景或表现方法。

拍摄的时候配套产品可以有不同的组合搭配，最后选择最合适的产品搭配照片用于图册。拍摄也不一定要一次完成，后期可以用电脑软件加入各种处理效果。拍摄产品最重要的是营造气氛，因为最终照片用于宣传册时，整个册子展示给消费者的不仅仅是纺织品，而是一种生活方式。

图 8-5（含右页图） 单件产品的拍摄主要是展示产品的款式细节，而产品的组合拍摄则主要是体现产品的整体气氛。

5. 纺织品包装

电子产品的包装有高科技的外观，食物的包装有亲和美味的外观，首饰的包装则有时尚的外观。设计师根据产品自身的特性来进行包装设计，其实也是在延续产品本身。包装也是配套纺织品设计的一部分，虽然设计中的分工很明确，有纺织品设计师及包装设计师，但作为纺织品的设计者，设计师也要思考自己设计的纺织品适合以何种形式进行包装推广。

纺织品的包装与其风格定位息息相关。主打环保简约风格或简单实用的纺织品，其包装应当以低调而质朴的材料为主，例如日本品牌无印良品（MUJI）的床品包装是以细棉织带将其简单捆绑，装入牛皮纸袋中，符合其强调不过分装饰的品牌定位。相反地，定位奢华的

图 8-6（含左页图）　牛皮纸、棉麻布袋等材质给消费者带来亲和感，而简易的卷、折、捆、绑式包装则能够降低成本。如本页上图餐厨用纺织品的包装模仿食物的包装，可以让使用者联想到美味的餐饮。

纺织品，则希望利用包装彰显其产品的价值，例如爱马仕（Hermes）的包装，使用的是缎带和制作精美的硬纸盒。

此外，包装还与产品的价格定位相关，设计师在设计或者选择合适的包装时，要将成本考虑在内。简易或者耗费人工较少的包装，可以节约成本、减轻开发压力，从而降低产品的销售价格；而复杂或者需要耗费较多人工的包装，由于增加了材料和人工成本，会使纺织品的价格相应地提高。

图 8-7　精美而高档的硬盒、缎带包装带来价值感，符合高端产品的定位。

图 8–8　包装可以很素雅，也可以很花俏可爱，但一定要符合产品特性。

图 8-9 根据产品的属性来设计包装，可以将包装看成产品的延续。运用一些小创意，还可以把包装做得很有趣味性，如上图所示，将花朵的包装变成便携式的袋子，给使用者带来惊喜的同时，还增加了产品的附加值。

第九章

课题案例

本章所列举的课题案例，为广州美术学院家纺设计工作室本科三年级学生的一次作业，课程的内容安排及作业要求如下：

1. 市场调研及品牌分析：各小组进行国内外品牌的资料收集与分析，以及对家居市场的实地调研，制作分析报告。报告内容将会被用于指引后期的设计。

2. 产品定位：以本小组的调研结果为依托，选择品牌调研中的一个品牌，通过对其风格特色、购买人群等的分析，提出自己的设计意向。小组作业的内容是为该品牌设计春夏或秋冬季产品，需要延续该品牌的风格、材质、配色等方面的特点（由教师引导各小组对不同设计风格的品牌做深入分析）。

3. 配套设计：配套设计的产品范畴以空间为划分标准，例如餐厨家纺产品、卧室家纺产品等。每小组需设计 10 件以上具有不同功能的配套产品，要求有主题版、设计草图、设计方案、材料版、工艺结构图、制作单、单品效果图及配套组合效果图等。

4. 打版制作：各小组需制作工艺结构图及制作单。

5. 摄影及宣传：各小组进行成品的拍摄、宣传册的平面排版等工作，并打印涵盖所有必要内容的宣传册。

6. 备注：学生以 2 人为一组。

7. 作业最终上交形式：品牌分析报告（电子文档）+ 设计方案（A4 打印

本）+ 实际成品。

案例主题：Charles & Beagle

学生：邝海天 / 叶岸文

本案例为虚拟课题。该小组学生以美国家居品牌 Crate & Barrel 的家居纺织品为调研对象。Crate & Barrel 是美国中高端的家居品牌，针对中产阶层，提供温暖的现代美式风格家居产品。由于其家居物品涵盖面广，风格简约，产品质量佳，该品牌在美国十分受欢迎，人们称其为高端版本的宜家家居（IKEA）。为该品牌设计产品，需要充分了解其特色，以及与其他品牌的区别。该小组学生经过研究品牌的风格特色、购买人群、工艺特点等之后，对这一品牌有了更深入的了解。

之后，该小组确定为 Crate & Barrel 品牌设计秋冬季产品。该小组取其首字母 C 和 B，延续品牌简洁的风格、天然的材质、春夏季低纯度的配色特点，将设计主题的名字定为 Charles & Beagle。Charles 和 Beagle 均是犬类名称，故其消费者定位为爱犬人士。之后，该小组学生围绕这两种小狗寻找设计元素。经过一番筛选，最终将其毛色、日常用品（食物盘、项圈、玩具骨头等）、爪印等作为设计元素，设计色彩参考延续了 Crate & Barrel 品牌的浓郁浊色调，图案同样走简洁路线，面料是与之相对应的棉麻材质，工艺则选择了 Crate & Barrel 品牌常用的刺绣工艺。以下内容为该作业的图册部分。

目录
CONTENTS

品牌调研 (Crate&Barrel)
BRAND RESEARCH

(Crate&Barrel) BRAND RESEARCH **品牌调研**

品牌简介

Crate&Barrel是美国本土家居用品的知名品牌，专营家居用品，包括床上用品、餐具、厨具、饰品、家具、地毯、窗帘、灯饰、洗浴用品等。

品牌定位

风格定位：美式风格
市场定位：中高端消费市场
人群定位：25—45岁典型的北美中产阶级人士
价格定位：
床上用品 CNY200—CNY1500
抱　　枕 CNY100—CNY200
窗　　帘 CNY200—CNY800
地　　毯 CNY100—CNY2000
　　　　 CNY1500—CNY5000
　　　　 CNY1900—CNY8000
桌　　布 CNY100—CNY1000
桌　　旗 CNY100—CNY500

(Crate&Barrel) BRAND RESEARCH **品牌调研**

风格特色

在美式自然沉稳的风格上融入了大都会的现代感，这种现代感大多是以少量的配饰用品来呈现。

Crate&Barrel的颜色虽然丰富，但大多以有灰度的沉稳色系为主，视觉上雅致，稳重、耐看，家具多为实木，品质中上乘。

(Crate&Barrel)BRAND RESEARCH **品牌调研**

风格特色

直观体验：怀旧、贵气、大气、自在、随意不羁；

色彩特点：
整体色调以灰色调为主，色相偏暖，同时配以适量纯色加以点缀，高雅的同时又具现代感。

花型特点：
床上用品：色彩以浅色为主，色调为浅灰调，图案以简约花卉、几何图形、工艺肌理为主，还有简约纯色、手绘线描、影绘式图案和一些大色块花形。
抱　　枕：色彩明亮，图案有水彩、条纹、图形化花纹、民主几何纹样、手绘线描、简约纯色为主，以及大胆运用材料的集合搭配。
窗　　帘：素色为主，色调主要以灰色为主，图案为细小的几何纹、条纹、简约色块。
地　　毯：色彩以浅灰暖调为主，图案为几何图形、色块、条纹、抽象化图案、简洁花卉、纯色肌理。
桌　　布：色彩简洁明快，纯色无图案为主。
桌　　旗：颜色鲜丽，图案以民族图案、渐变色彩、多彩花卉为主。

(Crate&Barrel)BRAND RESEARCH **品牌调研**

材质工艺

面料特点：纯棉、亚麻、丝绸、人造丝

工艺特点
床上用品：印花、褶裥、绗缝、拼布、提花、绣花
抱　　枕：印花、编织、刺绣、植绒
窗　　帘：色织、提花
地　　毯：手工制作
桌　　布：纯色印染
桌　　旗：印花、手绘印染、编织、色织

边饰装饰工艺
双明线包边、滚绳、凸缘、滚边

表面装饰工艺
印花、拼布、编织、绣花、贴布、绗缝

(Crate&Barrel)BRAND RESEARCH 品牌调研
JUST ADD GOOD
CHOBANI
GREEK YOGURT
BAZALKA
Petržel
Tymián
Just add good
CHOBANI

▶C&B风格板

设计说明
DESIGN NOTES
灵感来源
主题板
应用工艺
应用色彩
应用材料

DESIGN NOTES 设计说明

▶灵感来源

查理士王小猎犬，英文名King Charles Spaniel，身高：26—32厘米，体重：4—6公斤。是一种活泼、文雅、匀称的玩具犬，非常华丽而且大方，具有骑士风度，是查尔斯长毛垂耳犬的变种，并受哈巴狗的影响而被改良成口吻较短的犬种，又称地毯狗。

比格犬又称米格鲁猎犬，英文名Beagle，身高:30—40厘米，体重约为7—12公斤。原产英国，是猎犬中较小的一种。被毛短而密实，不沾水，毛色多为棕黄、黑、白三色。比格犬种在狩猎犬中是最小型的犬种，属群猎犬类。

本设计根据查理士王小猎犬和比格犬、一些日常用品（食物盘、项圈、玩具骨头等），以及狗狗的爪子印等作为设计元素，并结合C&B的整体风格，进行设计。

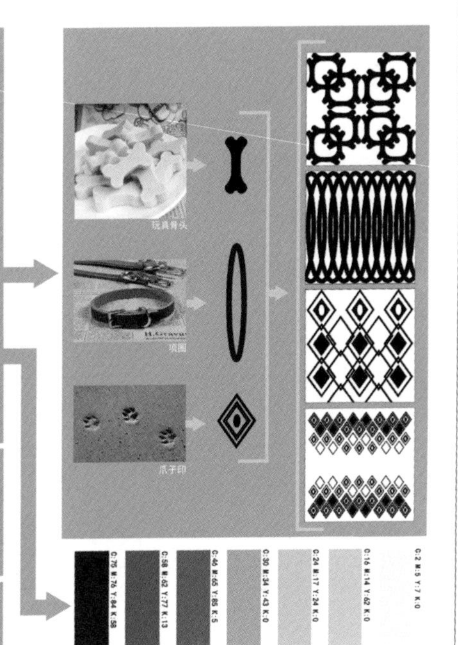

C:75 M:76 Y:84 K:58
C:58 M:62 Y:77 K:13
C:46 M:65 Y:85 K:5
C:30 M:34 Y:43 K:0
C:24 M:17 Y:24 K:0
C:16 M:14 Y:62 K:0
C:2 M:5 Y:7 K:0

DESIGN NOTES 设计说明

▶主题意向板

DESIGN NOTES 设计说明

DESIGN NOTES 设计说明

应用材料

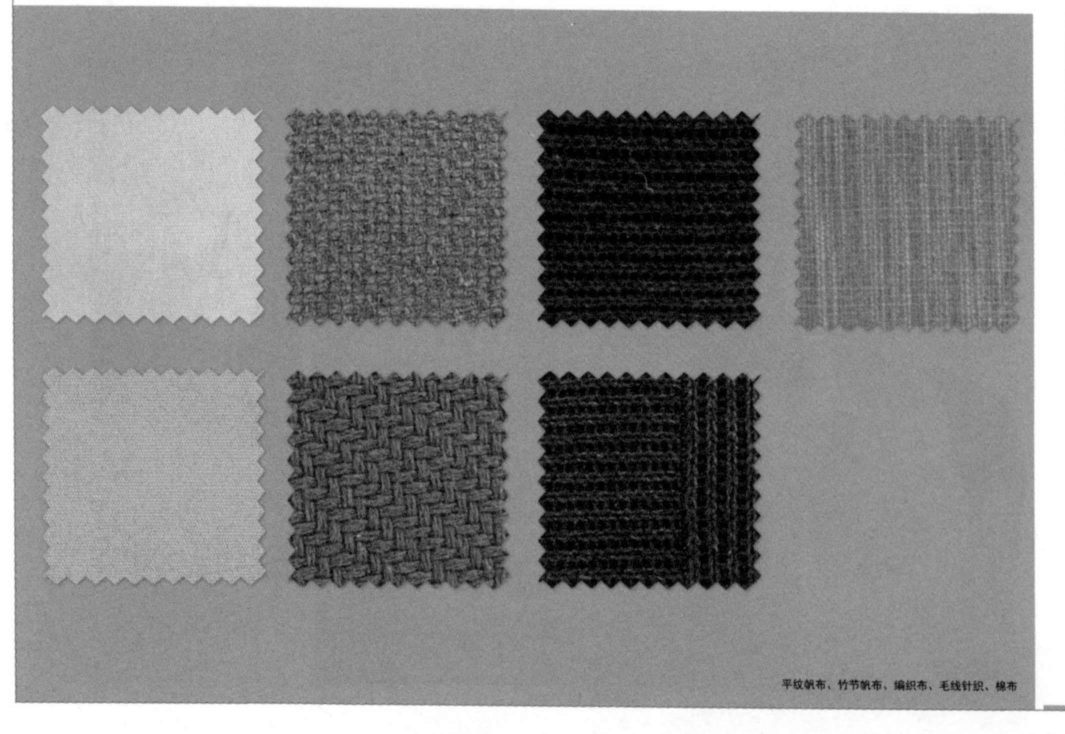

平纹帆布、竹节帆布、编织布、毛线针织、棉布

方案设计

CONCEPTUAL DESIGN

模拟效果
工艺结构
图案工艺

CONCEPTUAL DESIGN 方案设计

▸ 客厅空间 配套方案

1 窗帘#01
2 落地灯
3 肌理枕#03
4 肌理枕#02
5 绣花枕#07
6 工艺枕#01
7 印花枕#02
8 绣花枕#05
9 地毯
10 绣花枕#06
11 垃圾桶
12 桌旗#01
13 纸巾盒

CONCEPTUAL DESIGN 方案设计

▶ 餐厅空间 配套方案

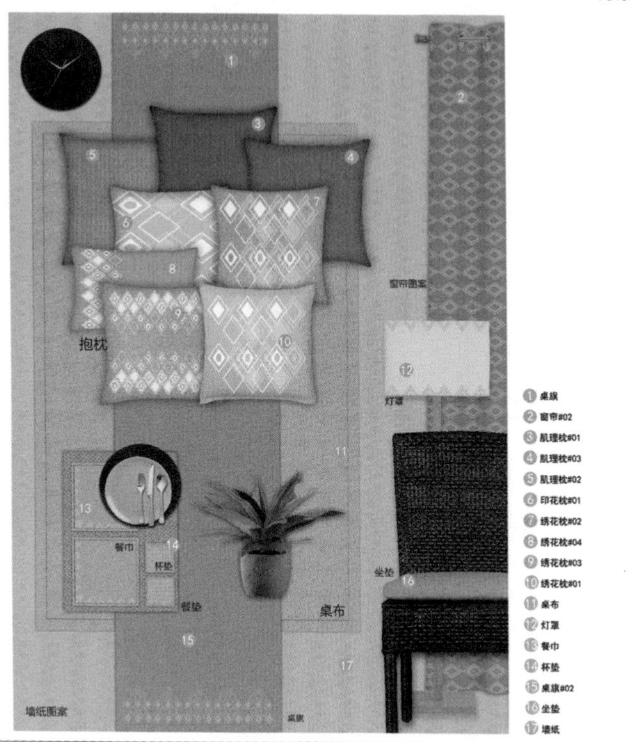

CONCEPTUAL DESIGN 方案设计

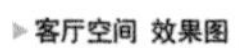
▶ 客厅空间 效果图

CONCEPTUAL DESIGN **方案设计**

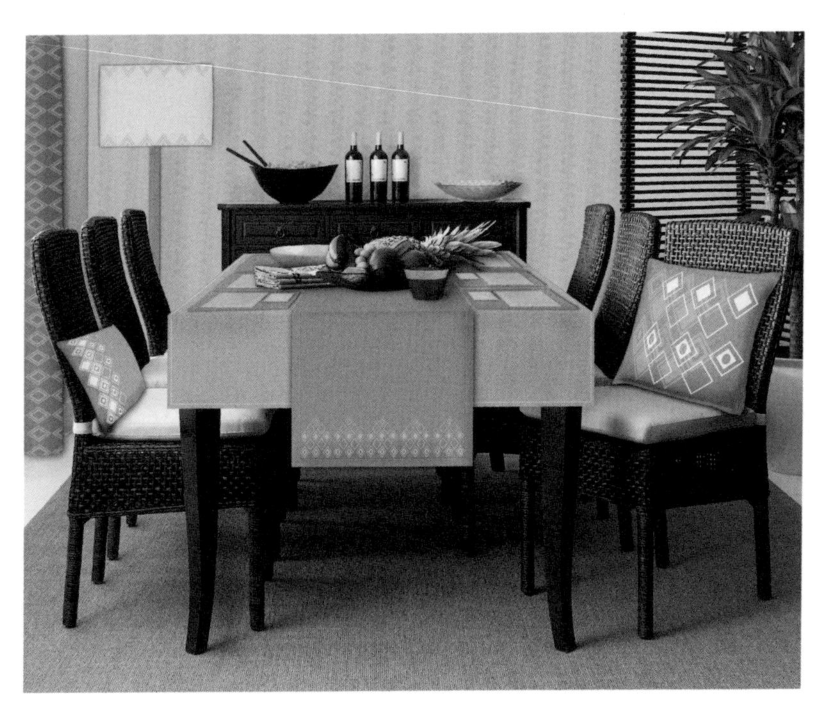

▶ 餐厅空间 效果图

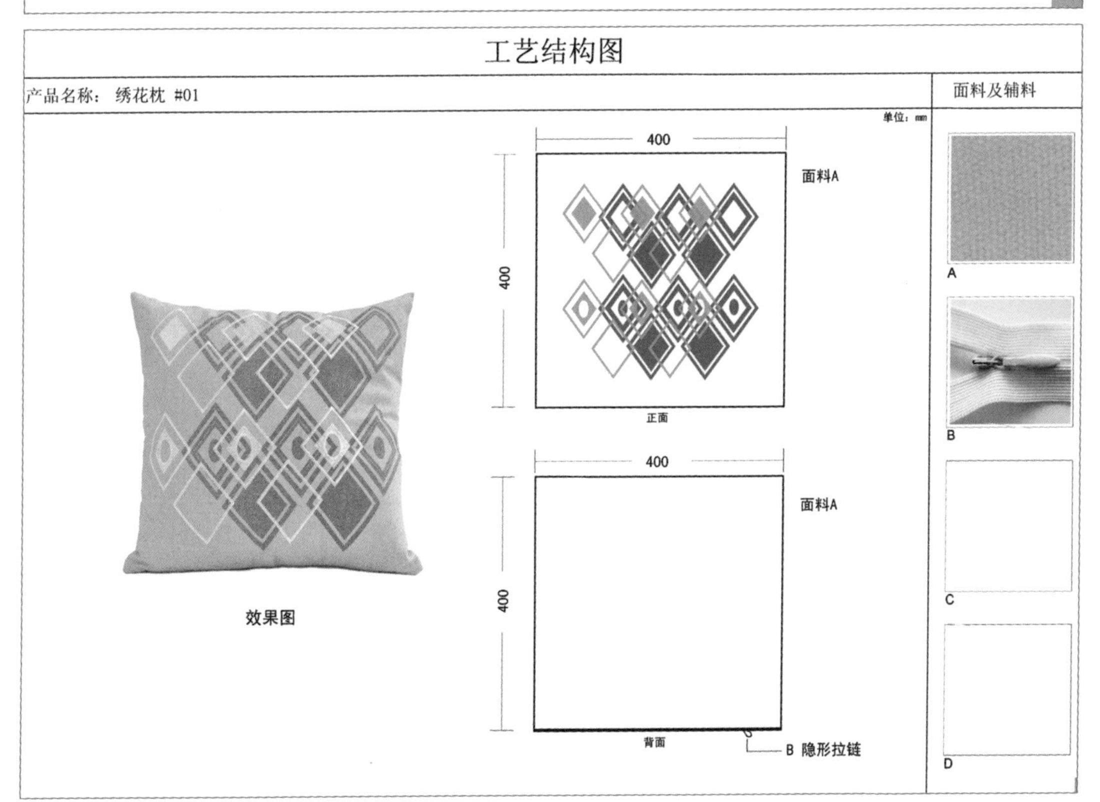

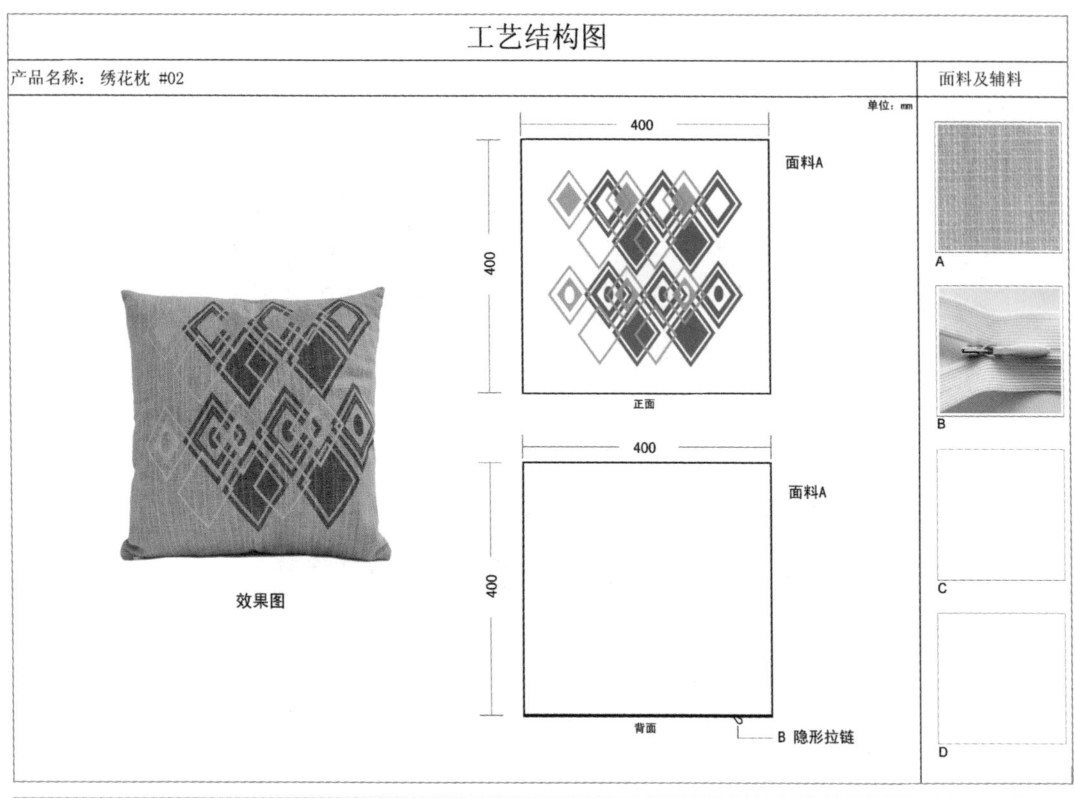
工艺结构图
产品名称：绣花枕 #02
面料及辅料
单位：mm
400
400
面料A
正面
400
400
面料A
背面
B 隐形拉链
效果图
A
B
C
D

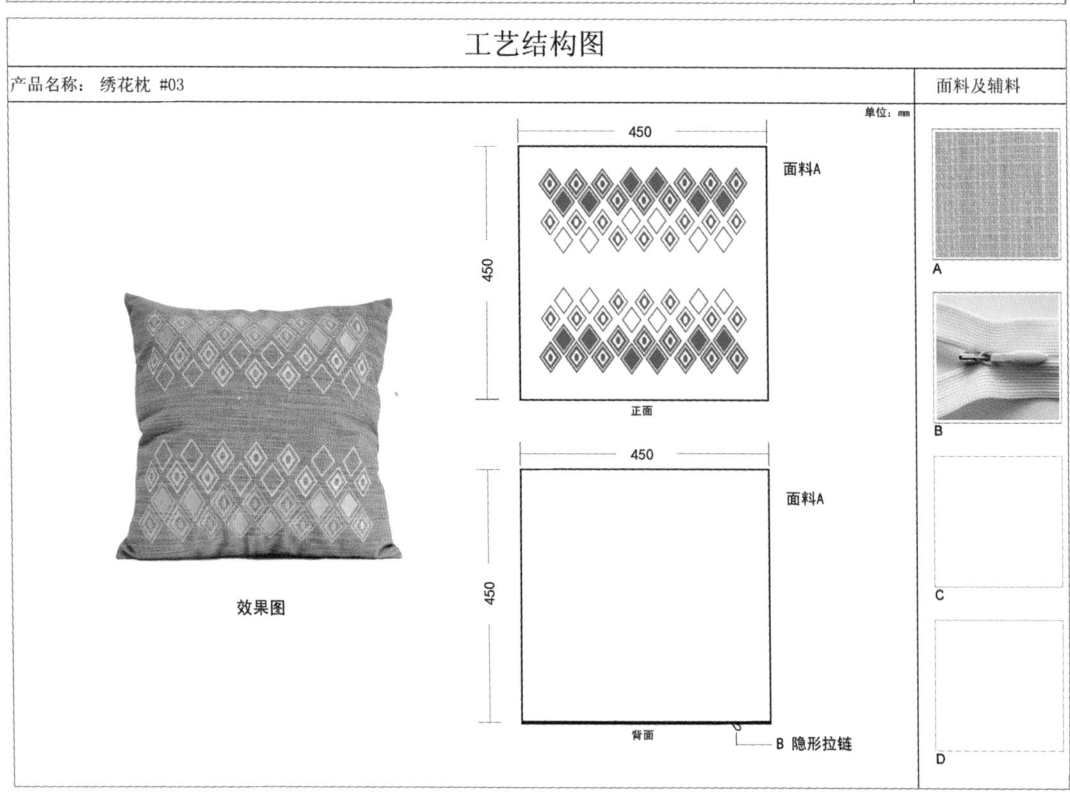
工艺结构图
产品名称：绣花枕 #03
面料及辅料
单位：mm
450
450
面料A
正面
450
450
面料A
背面
B 隐形拉链
效果图
A
B
C
D

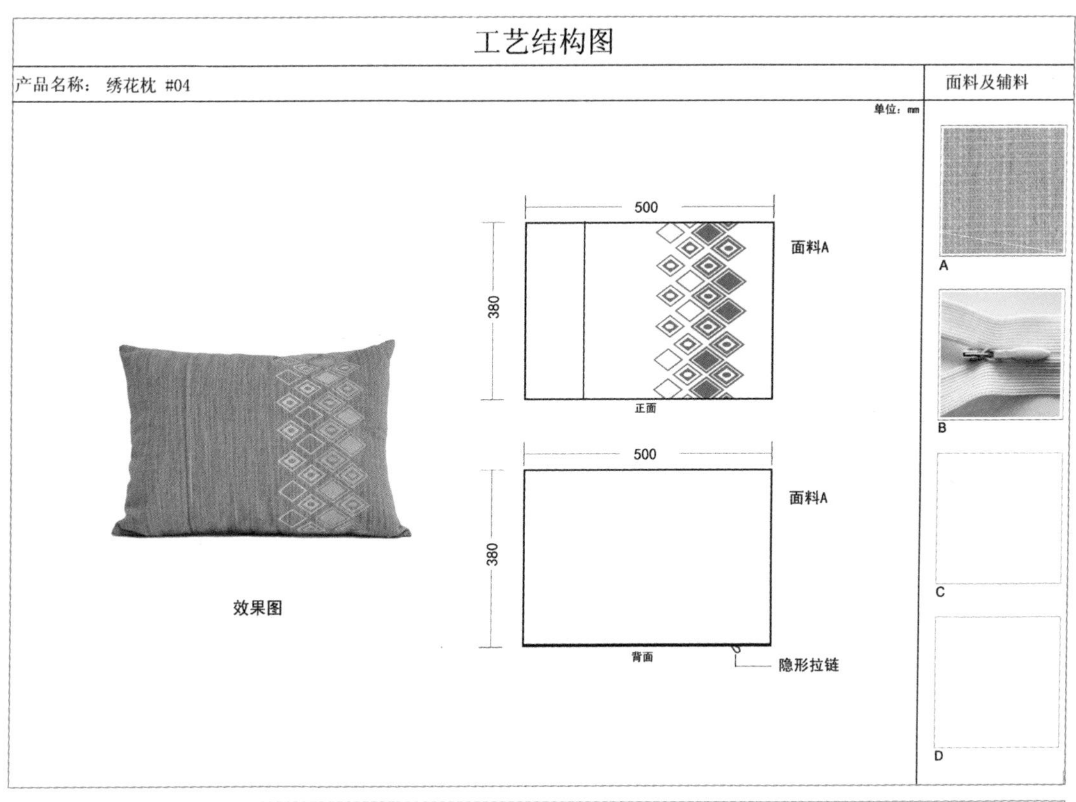
工艺结构图
产品名称： 绣花枕 #04
面料及辅料
单位：mm
500
380
面料A
正面
500
380
面料A
背面
隐形拉链
效果图
A
B
C
D

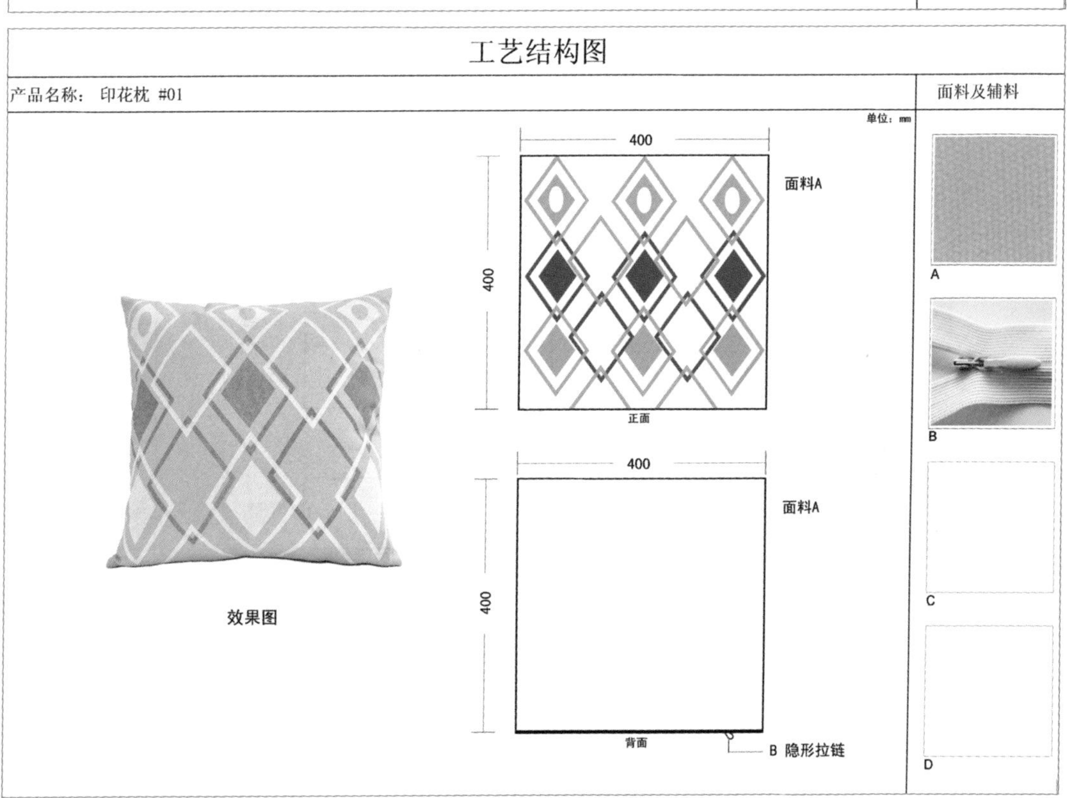
工艺结构图
产品名称： 印花枕 #01
面料及辅料
单位：mm
400
400
面料A
正面
400
400
面料A
背面
B 隐形拉链
效果图
A
B
C
D

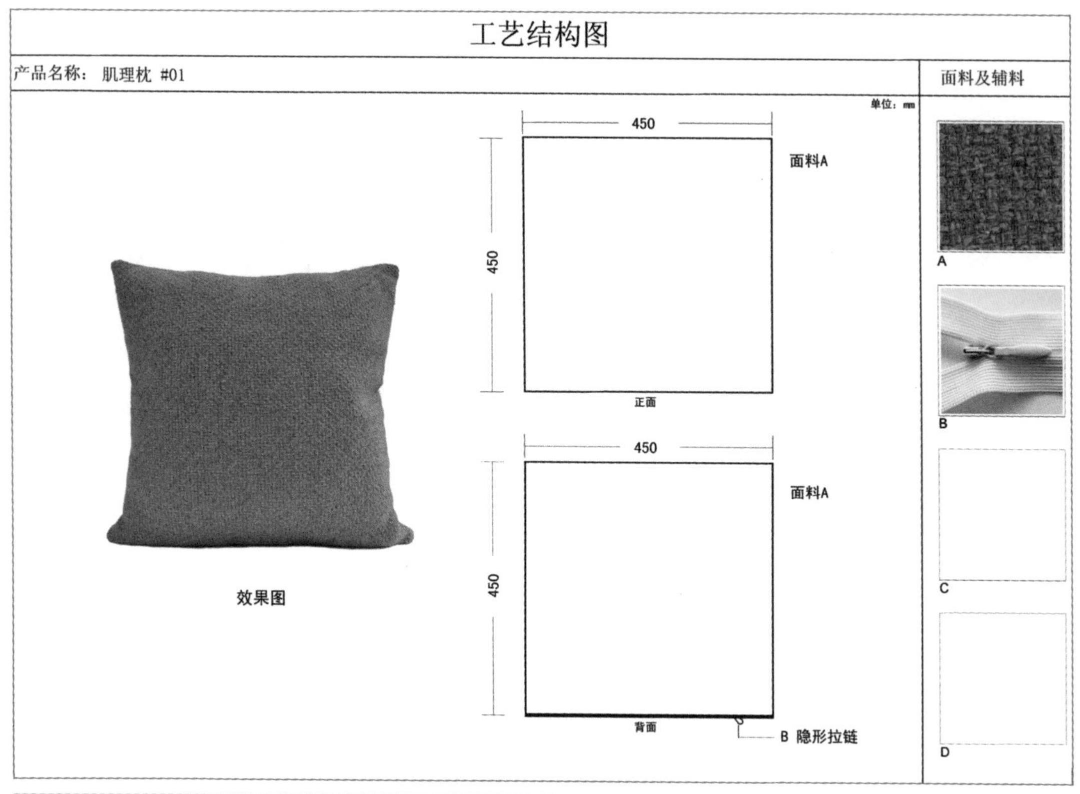
工艺结构图
产品名称：肌理枕 #01
面料及辅料
单位：mm
450
450
面料A
正面
450
450
面料A
背面
B 隐形拉链
效果图
A
B
C
D

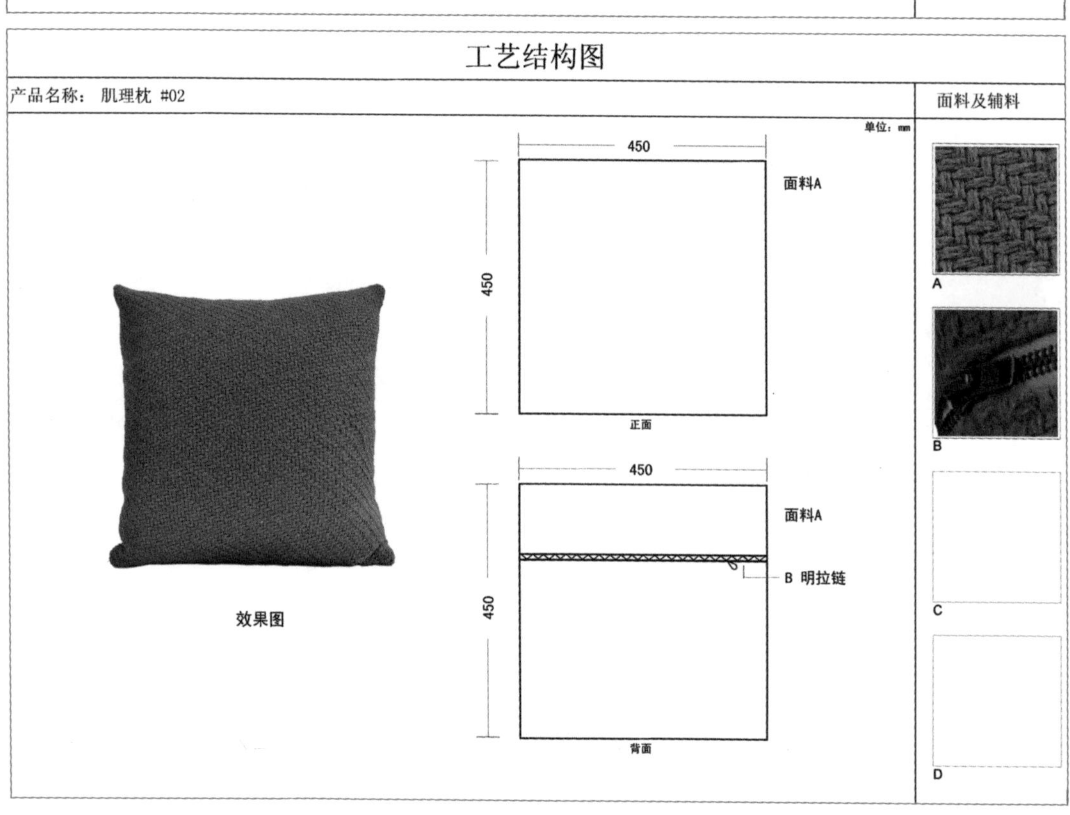
工艺结构图
产品名称：肌理枕 #02
面料及辅料
单位：mm
450
450
面料A
正面
450
450
面料A
B 明拉链
背面
效果图
A
B
C
D

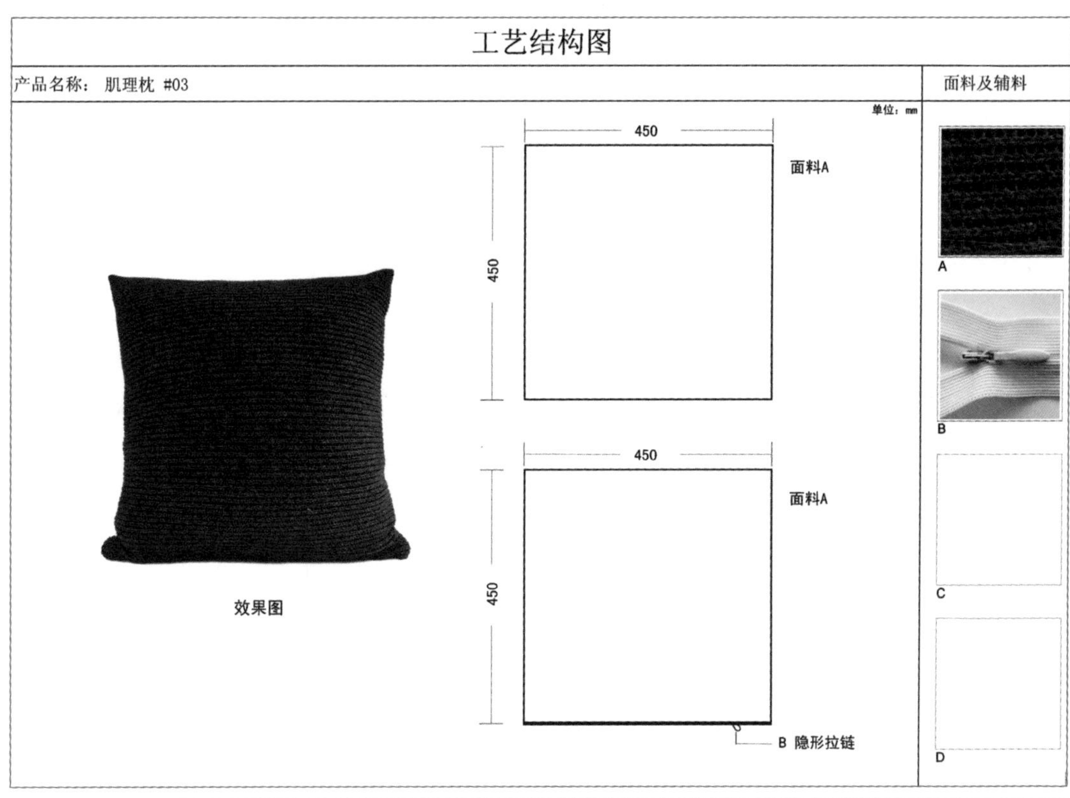
工艺结构图
产品名称：肌理枕 #03
面料及辅料
单位：mm
450
450
面料A
450
450
面料A
B 隐形拉链
效果图
A
B
C
D

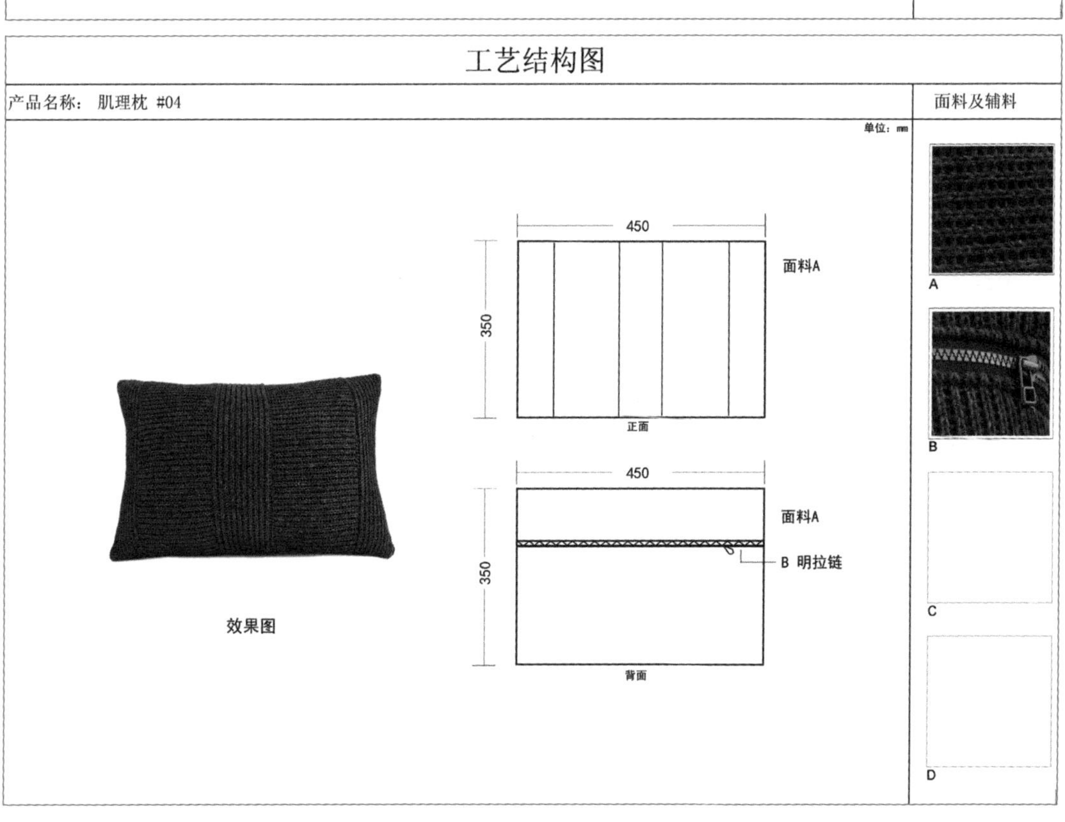
工艺结构图
产品名称：肌理枕 #04
面料及辅料
单位：mm
450
350
面料A
正面
450
350
面料A
B 明拉链
背面
效果图
A
B
C
D

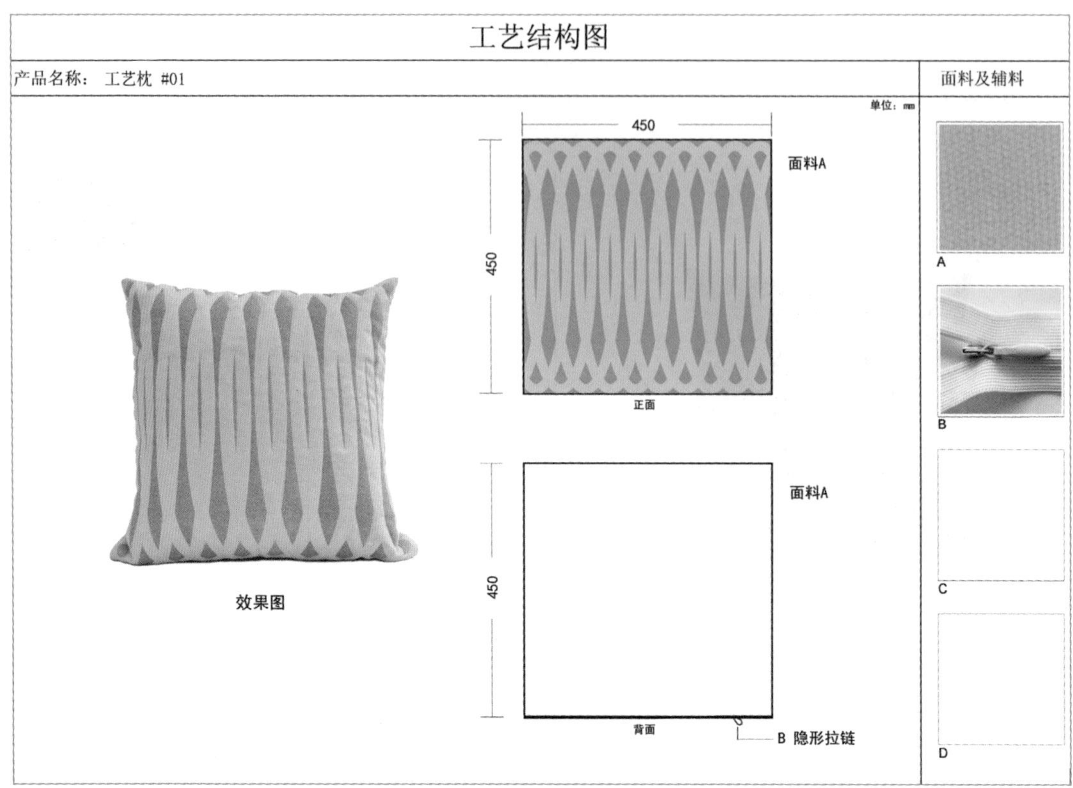

工艺结构图
产品名称： 工艺枕 #01
面料及辅料
单位：mm
450
450
面料A
正面
450
面料A
背面
B 隐形拉链
效果图
A
B
C
D

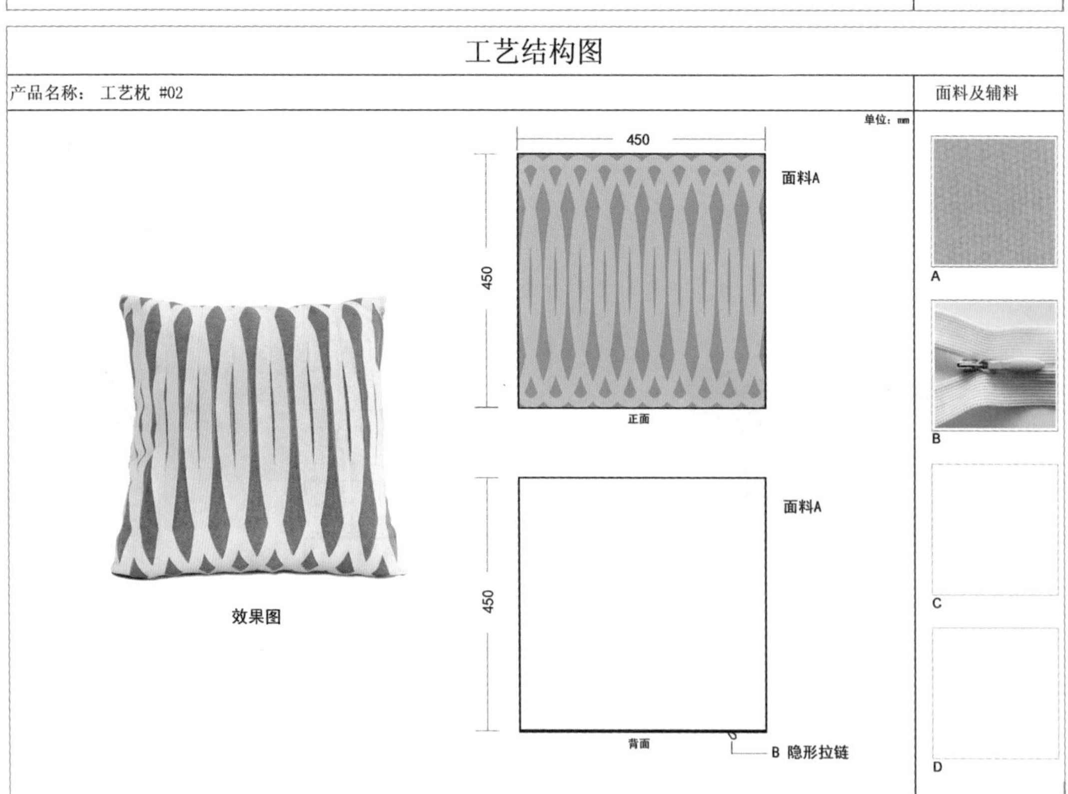

工艺结构图
产品名称： 工艺枕 #02
面料及辅料
单位：mm
450
450
面料A
正面
450
面料A
背面
B 隐形拉链
效果图
A
B
C
D

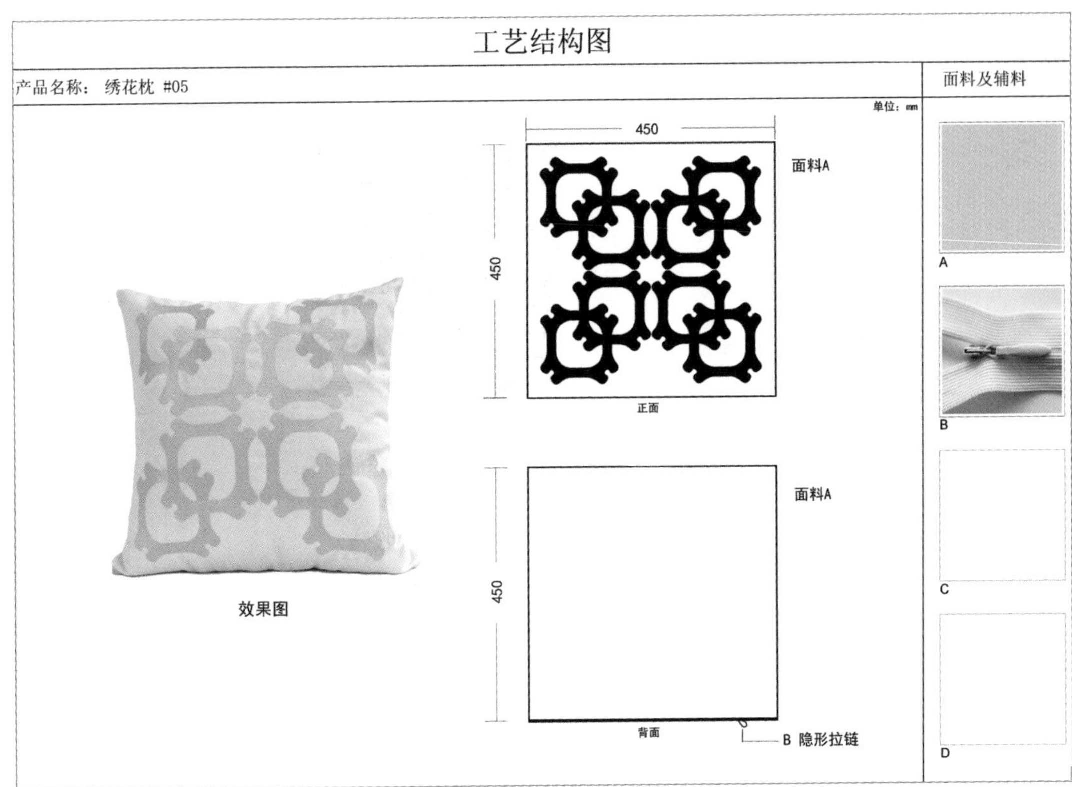
工艺结构图
产品名称：绣花枕 #05
面料及辅料
单位：mm
450
450
面料A
正面
面料A
450
背面
B 隐形拉链
效果图
A
B
C
D

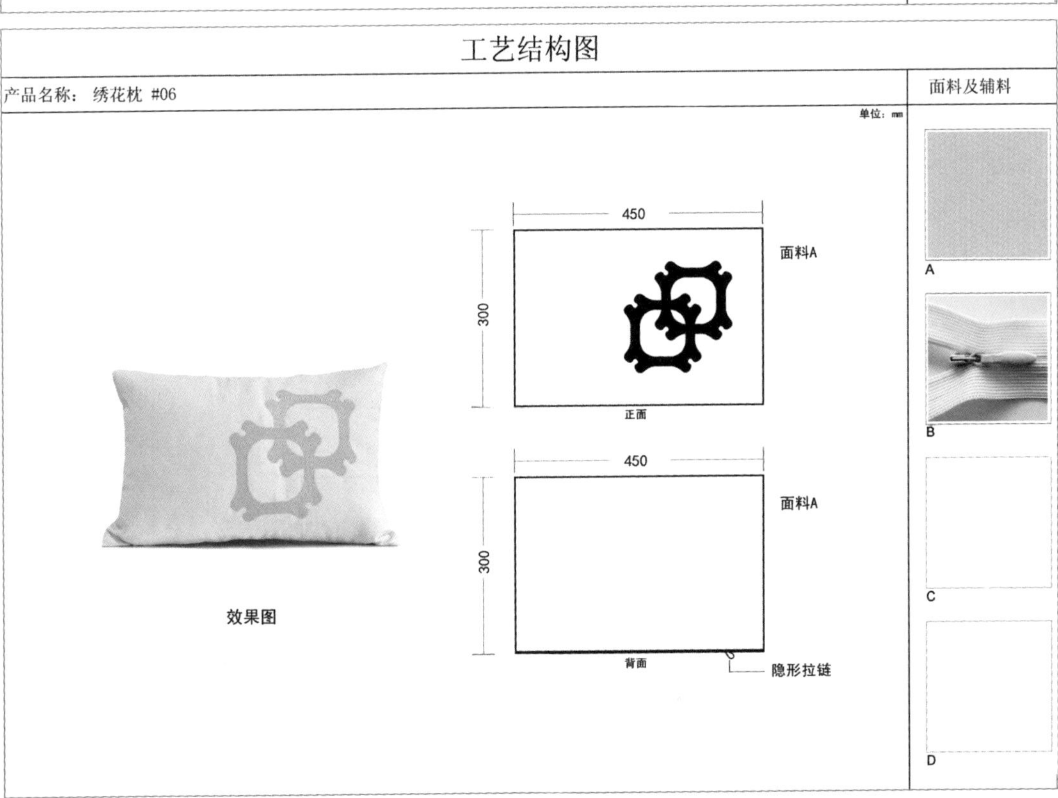
工艺结构图
产品名称：绣花枕 #06
面料及辅料
单位：mm
450
300
面料A
正面
450
300
面料A
背面
隐形拉链
效果图
A
B
C
D

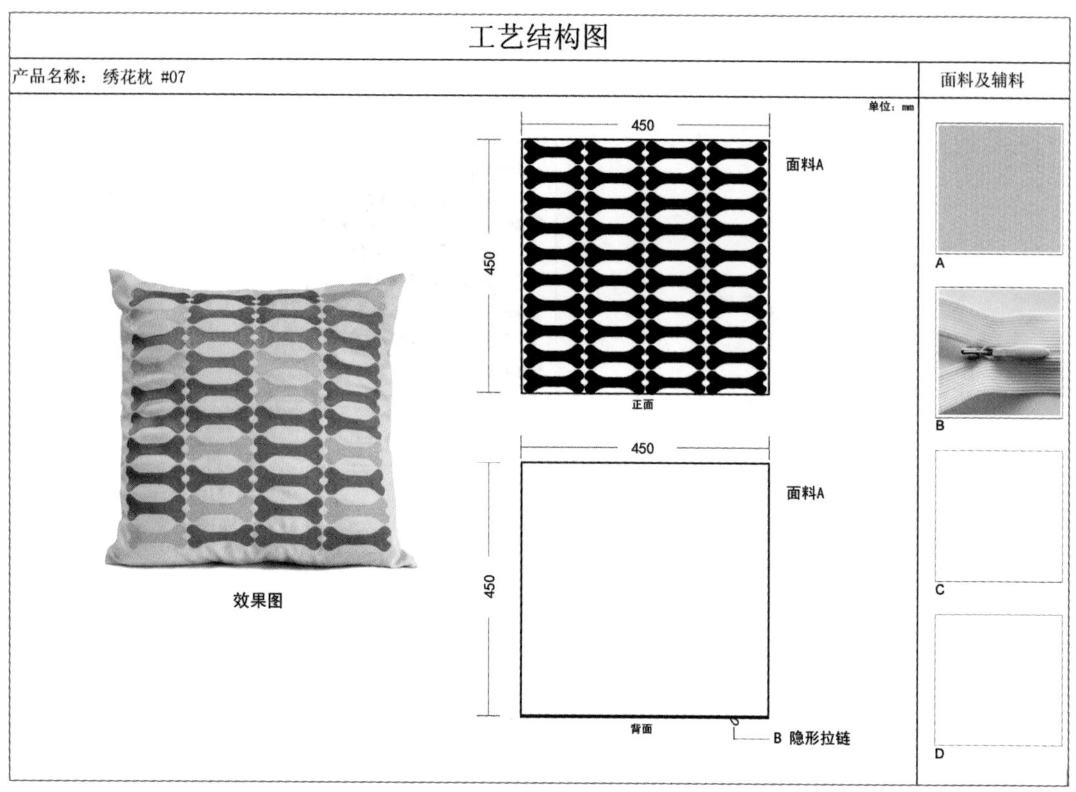
工艺结构图
产品名称： 绣花枕 #07
面料及辅料
单位：mm
450
450
面料A
正面
450
450
面料A
背面
B 隐形拉链
效果图
A
B
C
D

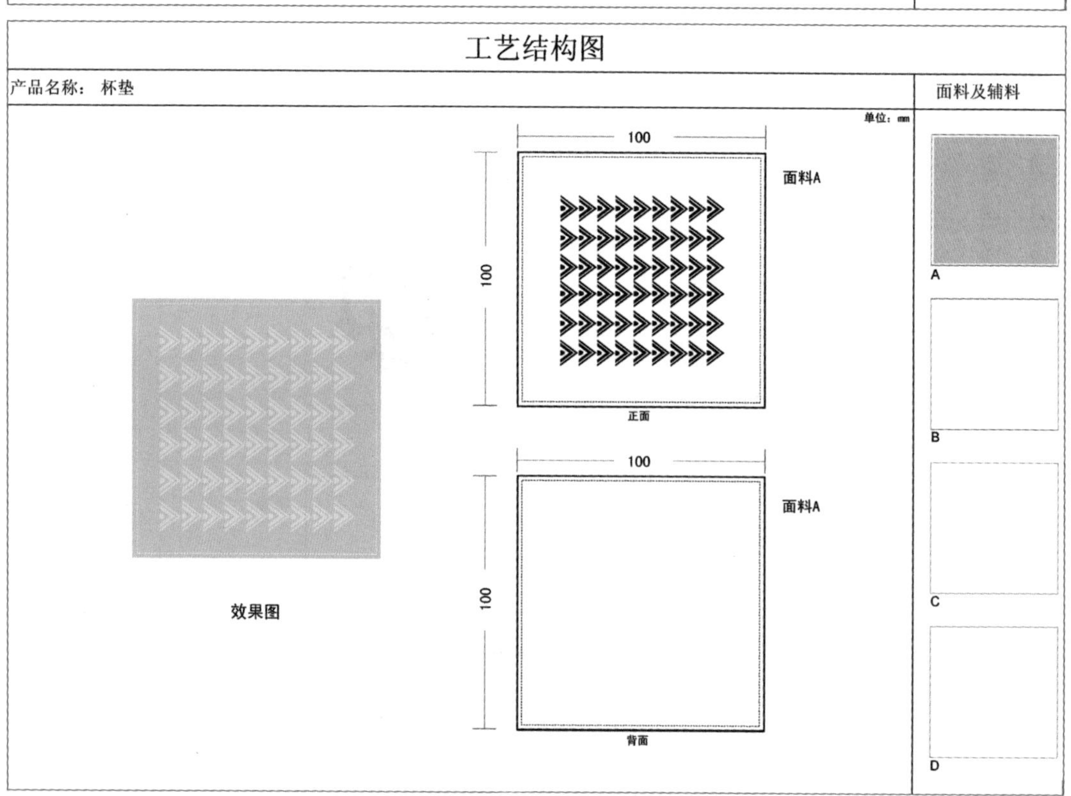
工艺结构图
产品名称： 杯垫
面料及辅料
单位：mm
100
100
面料A
正面
100
100
面料A
背面
效果图
A
B
C
D

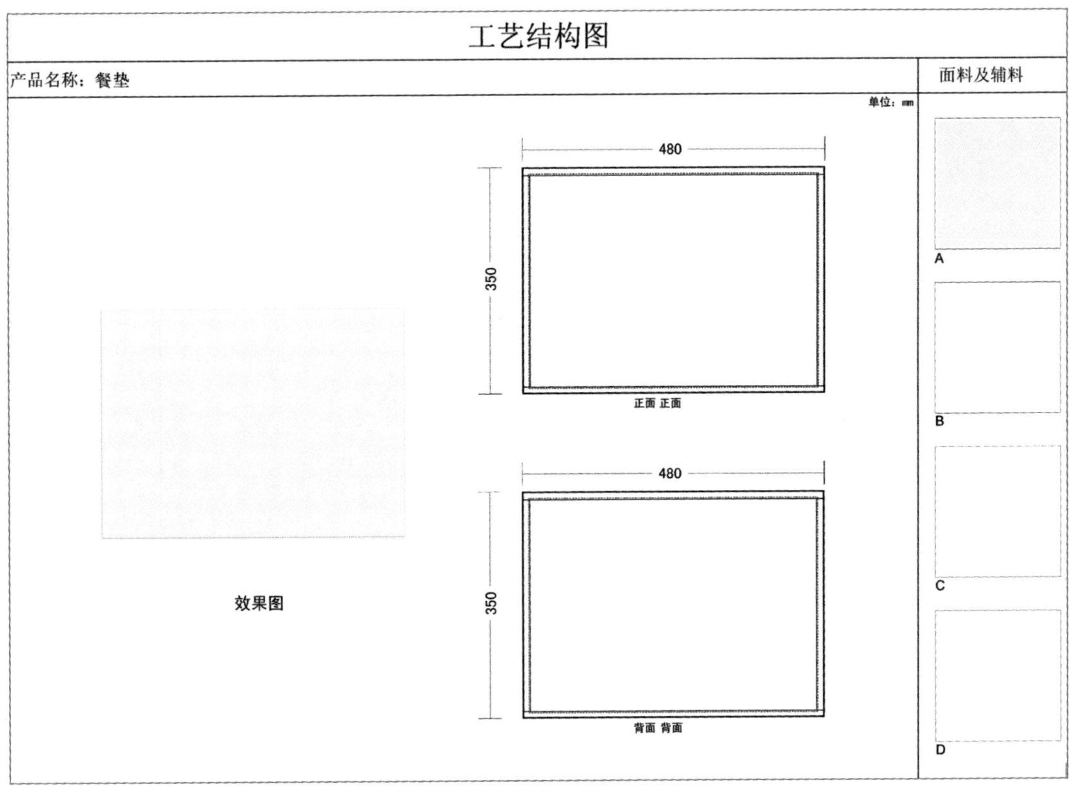

工艺结构图
产品名称：餐垫
面料及辅料
单位：mm
480
350
正面 正面
480
350
背面 背面
效果图
A
B
C
D

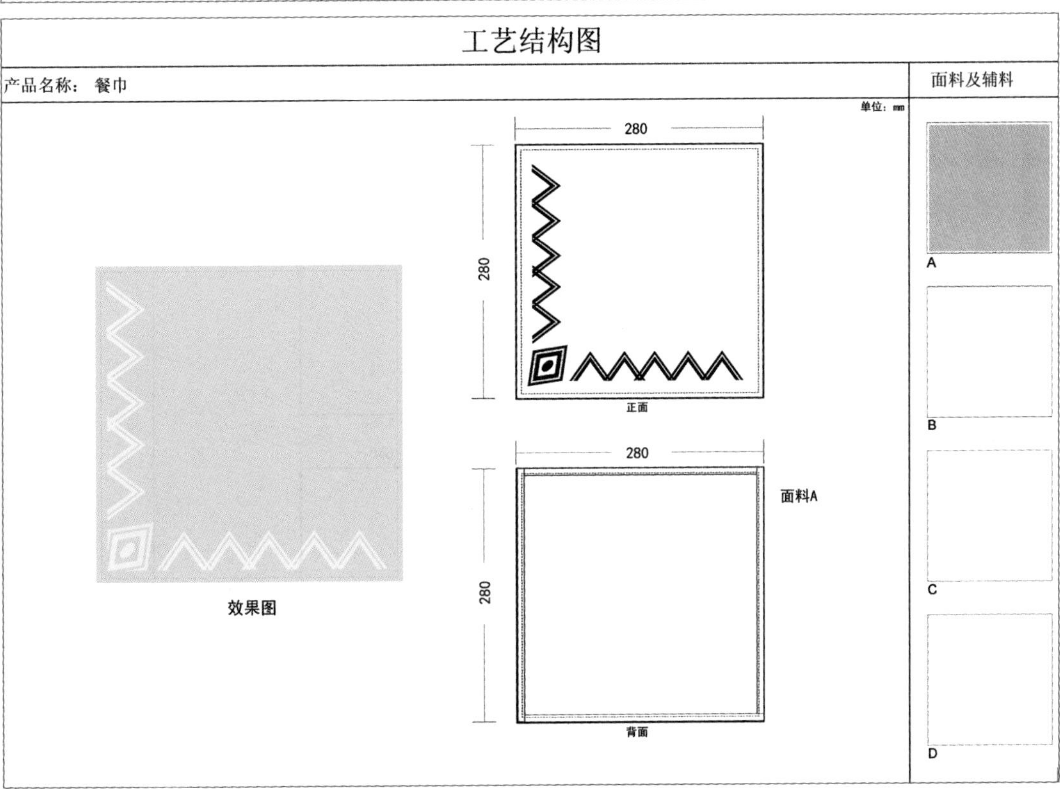

工艺结构图
产品名称：餐巾
面料及辅料
单位：mm
280
280
正面
280
280
背面
面料A
效果图
A
B
C
D

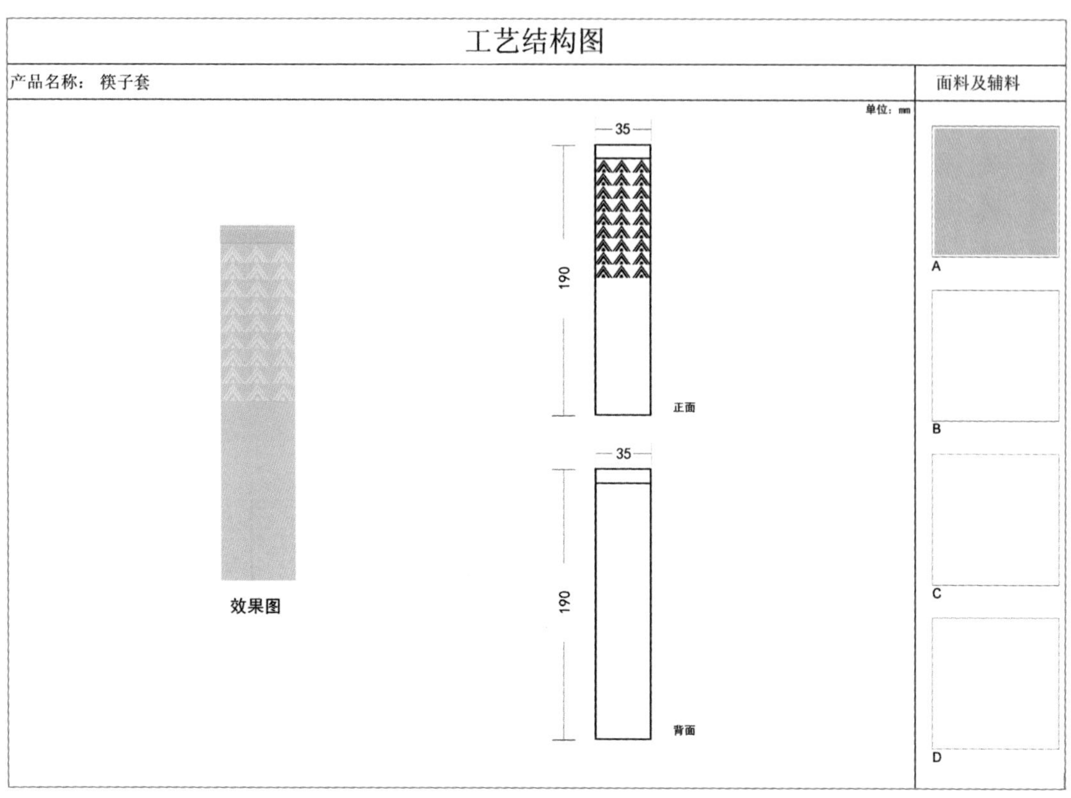
工艺结构图
产品名称：筷子套
面料及辅料
单位：mm
35
190
正面
35
190
背面
效果图
A
B
C
D

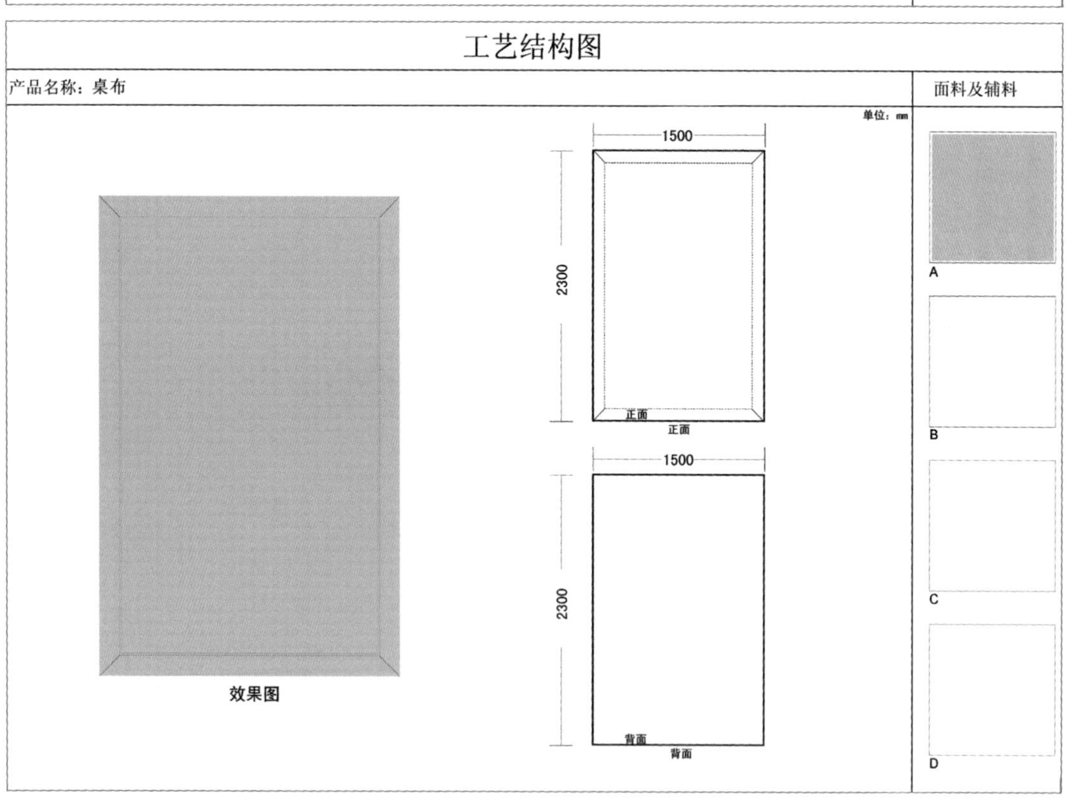
工艺结构图
产品名称：桌布
面料及辅料
单位：mm
1500
2300
正面
正面
1500
2300
背面
背面
效果图
A
B
C
D

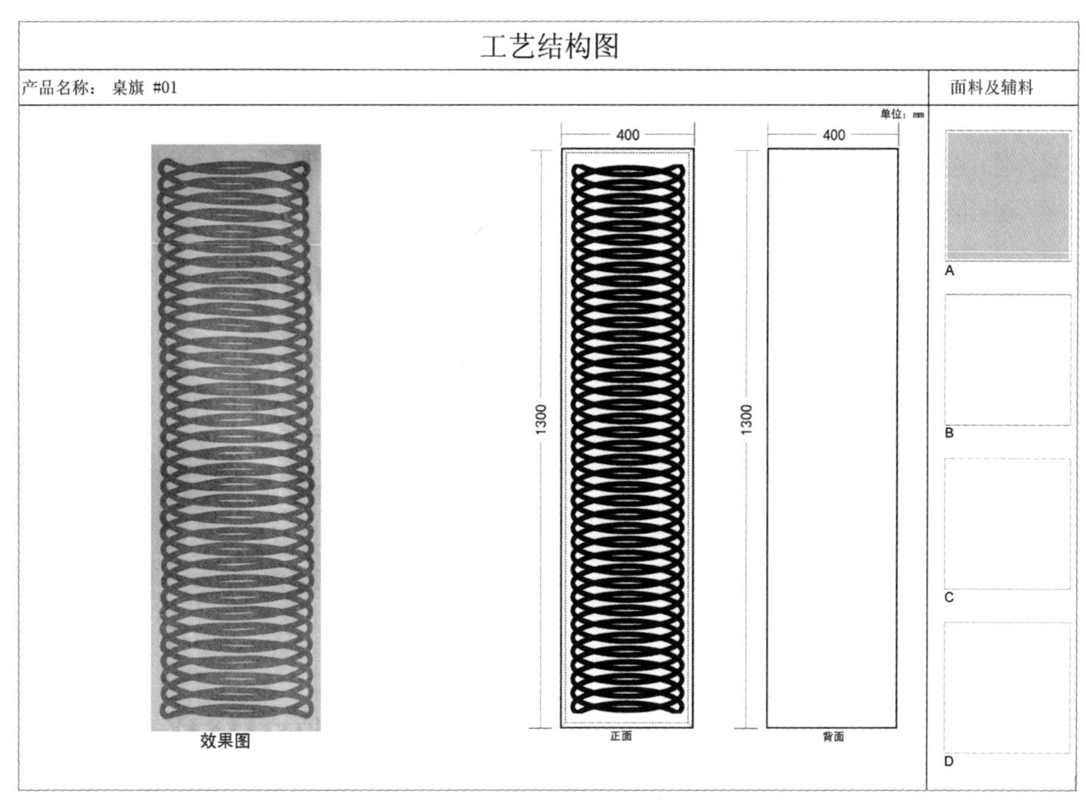
工艺结构图
产品名称： 桌旗 #01
面料及辅料
单位：mm
400
400
1300
1300
效果图
正面
背面
A
B
C
D

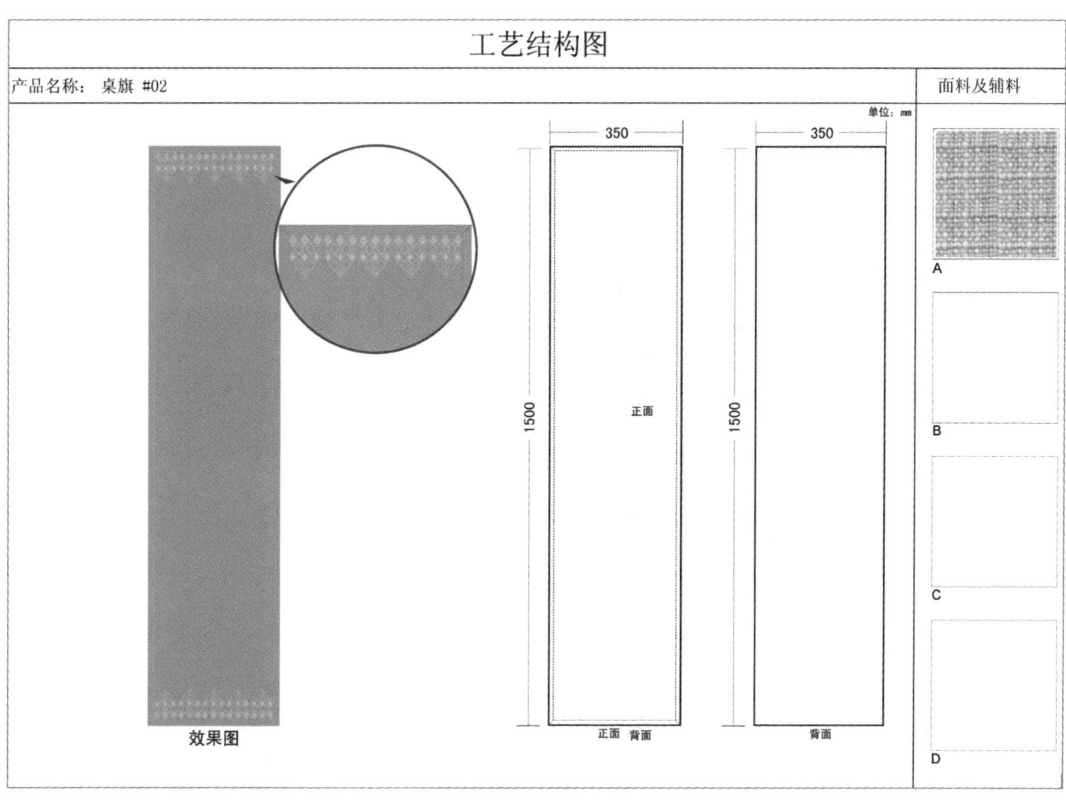
工艺结构图
产品名称： 桌旗 #02
面料及辅料
单位：mm
350
350
1500
1500
正面
效果图
正面 背面
背面
A
B
C
D

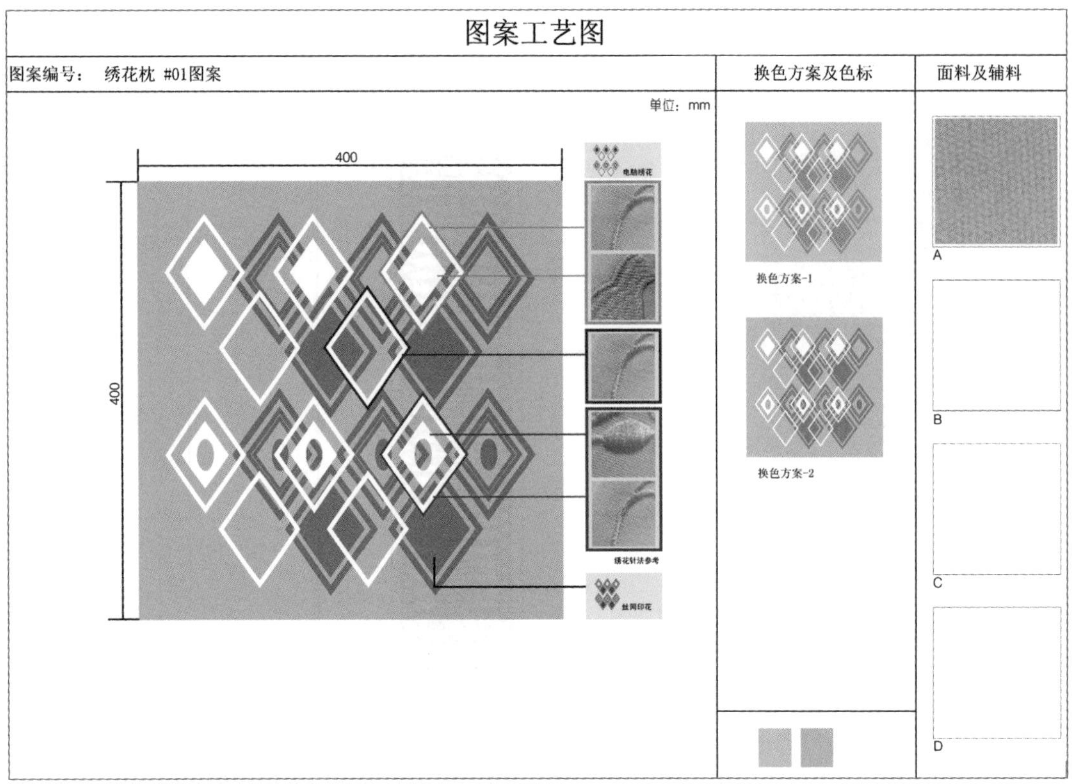
图案工艺图
图案编号： 绣花枕 #01图案
换色方案及色标
面料及辅料
单位：mm
400
400
电脑绣花
绣花针法参考
丝网印花
换色方案-1
换色方案-2
A
B
C
D

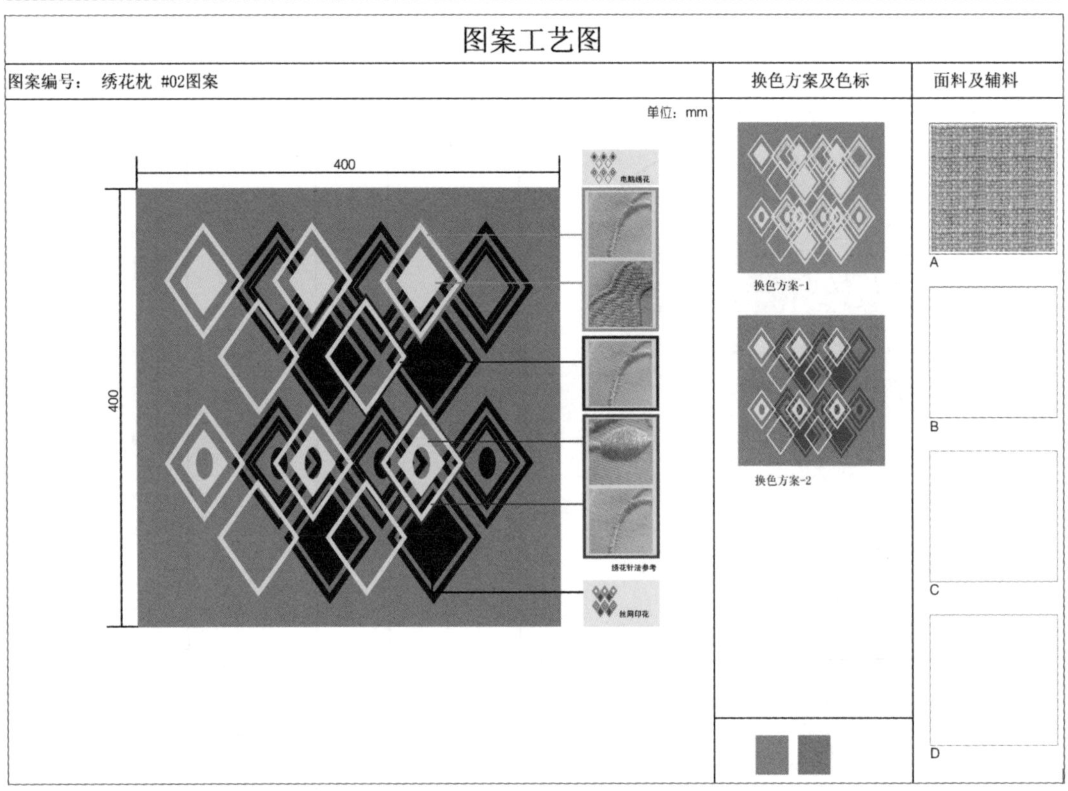
图案工艺图
图案编号： 绣花枕 #02图案
换色方案及色标
面料及辅料
单位：mm
400
400
电脑绣花
绣花针法参考
丝网印花
换色方案-1
换色方案-2
A
B
C
D

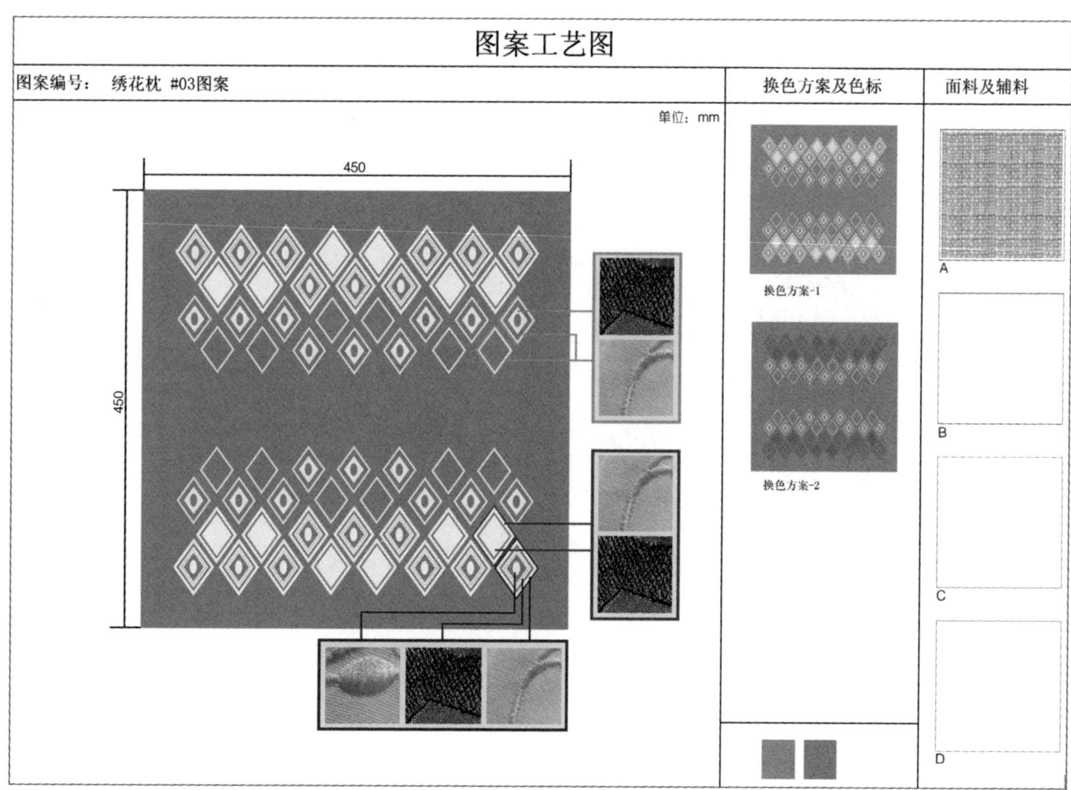

图案工艺图
图案编号： 绣花枕 #03图案
换色方案及色标
面料及辅料
单位：mm
450
450
换色方案-1
换色方案-2
A
B
C
D

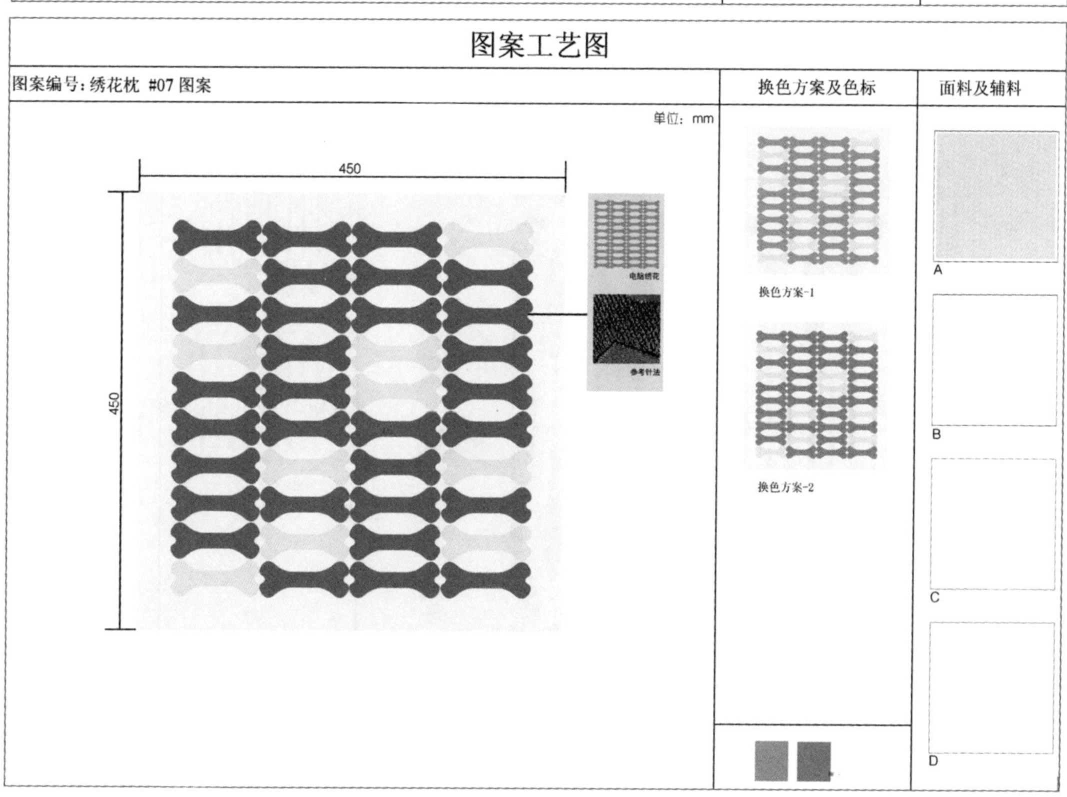

图案工艺图
图案编号：绣花枕 #07 图案
换色方案及色标
面料及辅料
单位：mm
450
450
电脑绣花
参考针法
换色方案-1
换色方案-2
A
B
C
D

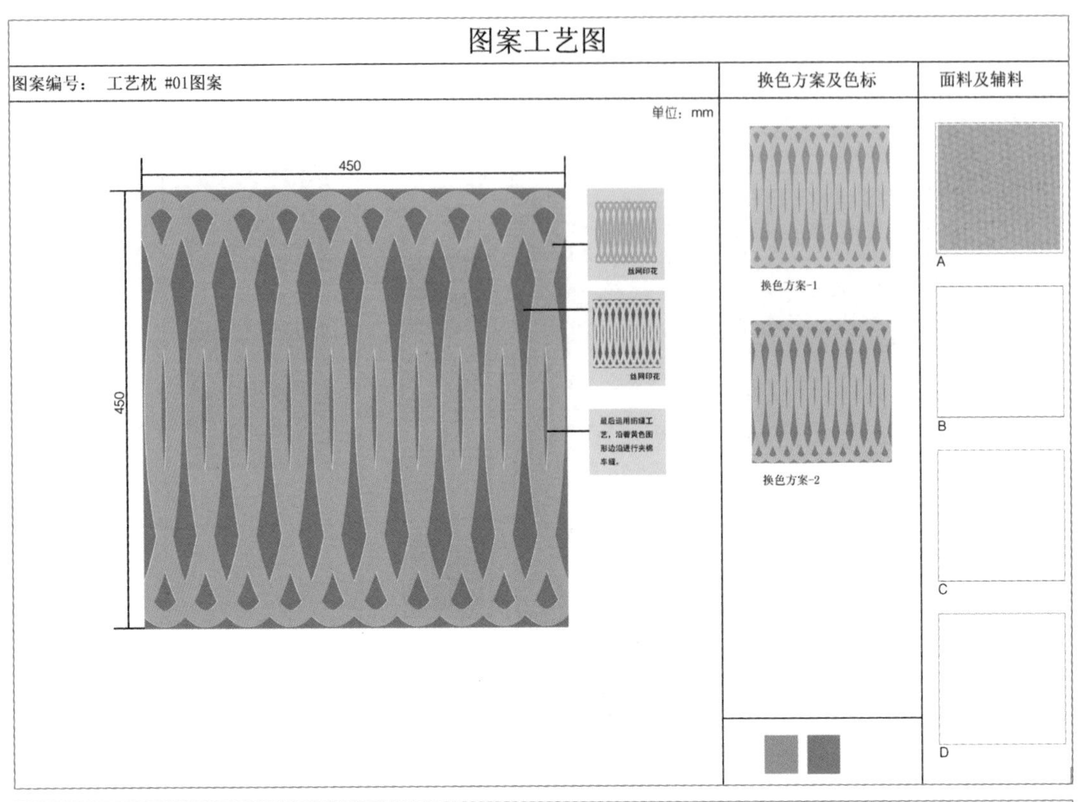
图案工艺图
图案编号： 工艺枕 #01图案
换色方案及色标
面料及辅料
单位：mm
450
450
丝网印花
丝网印花
最后运用绗缝工艺，沿着黄色图形边沿进行夹棉车缝。
换色方案-1
换色方案-2
A
B
C
D

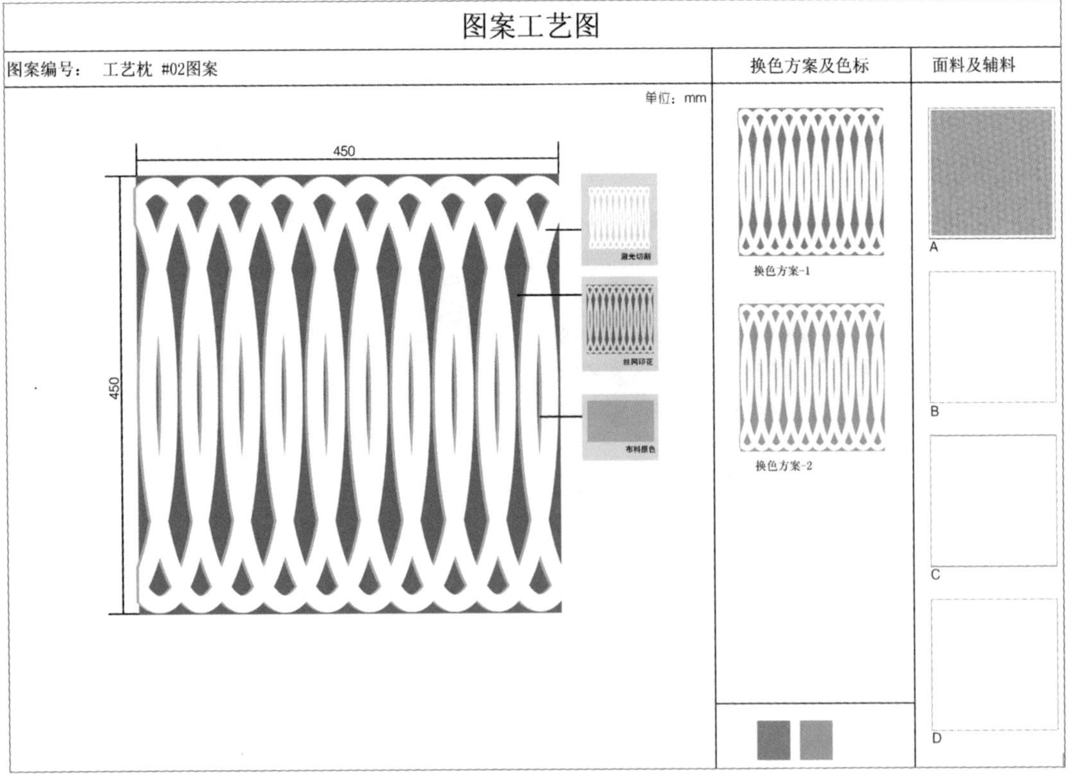
图案工艺图
图案编号： 工艺枕 #02图案
换色方案及色标
面料及辅料
单位：mm
450
450
激光切割
丝网印花
布料原色
换色方案-1
换色方案-2
A
B
C
D

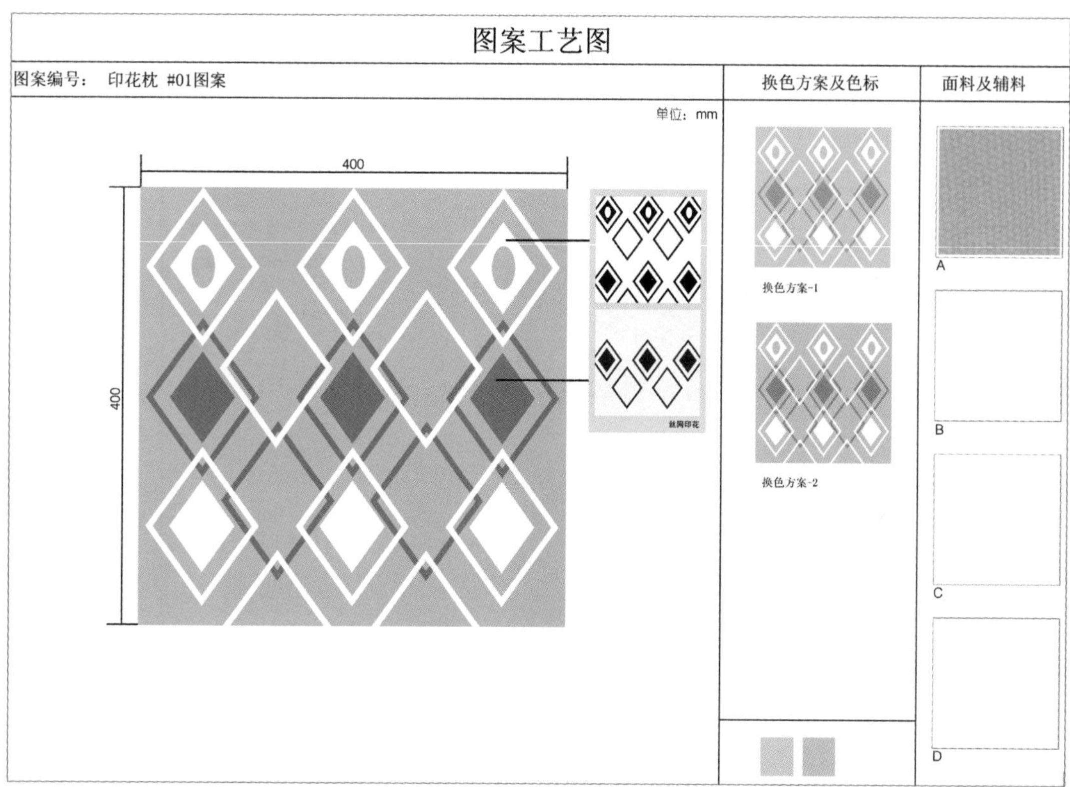
图案工艺图
图案编号： 印花枕 #01图案
换色方案及色标
面料及辅料
单位：mm
400
400
丝网印花
换色方案-1
换色方案-2
A
B
C
D

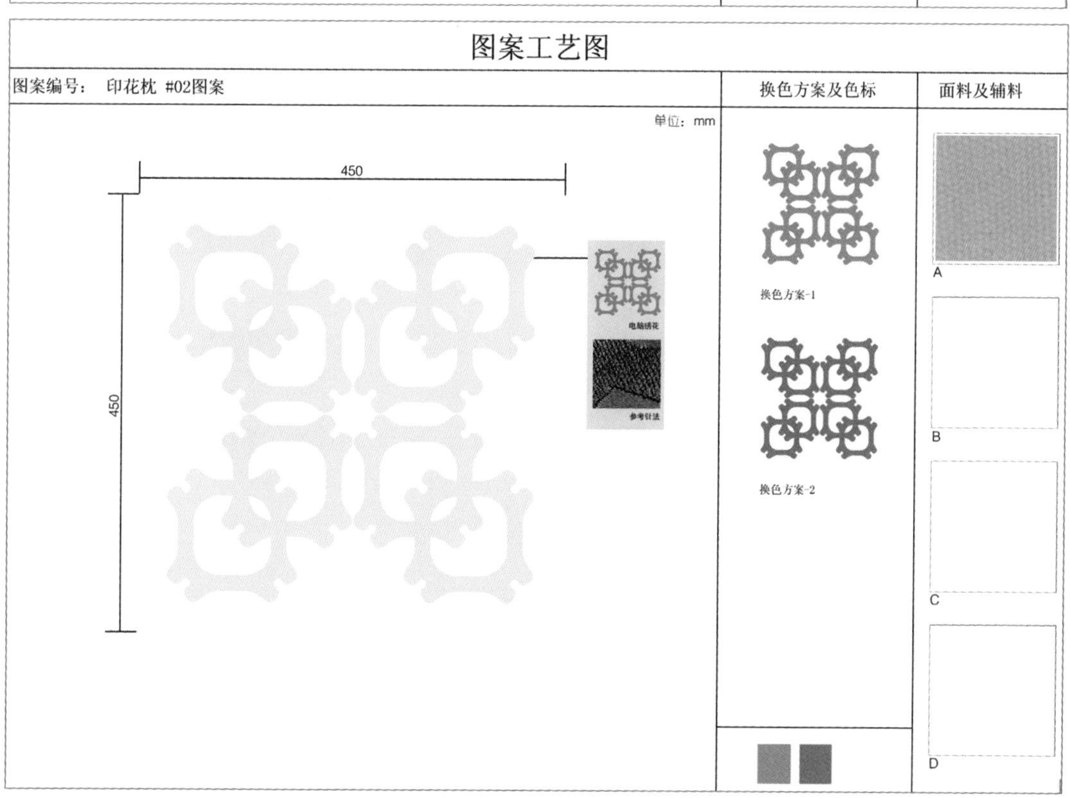
图案工艺图
图案编号： 印花枕 #02图案
换色方案及色标
面料及辅料
单位：mm
450
450
电脑绣花
参考针法
换色方案-1
换色方案-2
A
B
C
D

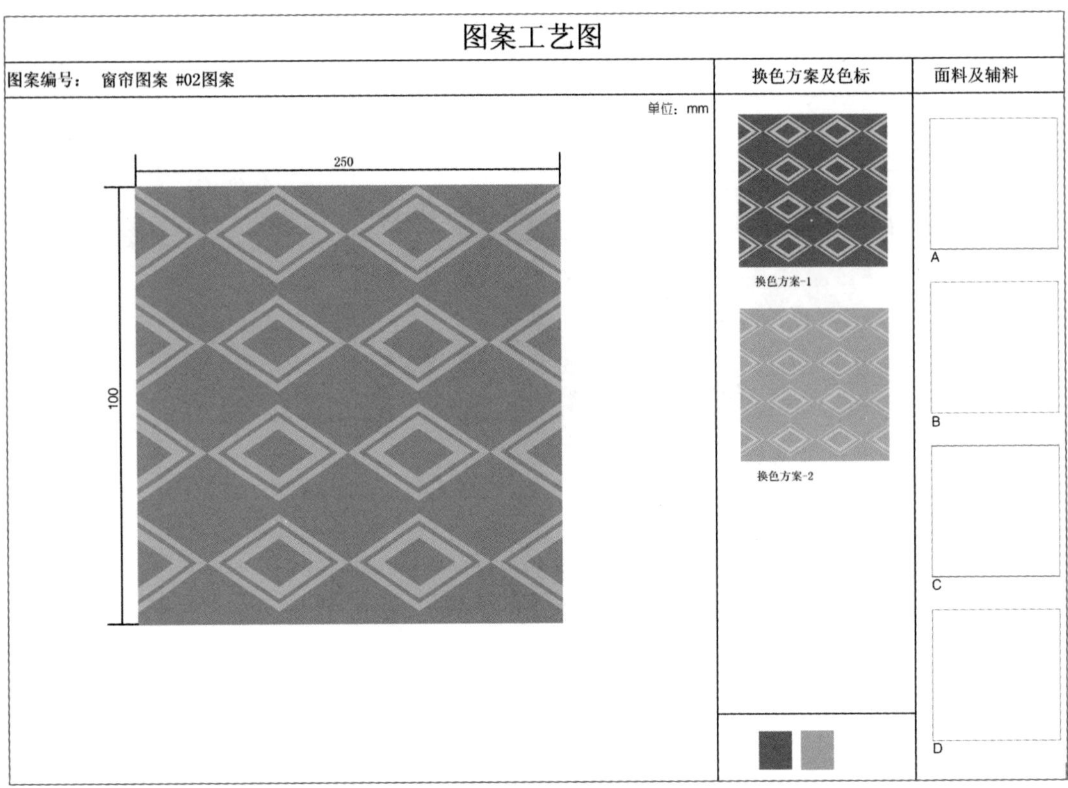

图案工艺图
图案编号： 窗帘图案 #02图案
换色方案及色标
面料及辅料
单位：mm
250
100
换色方案-1
换色方案-2
A
B
C
D

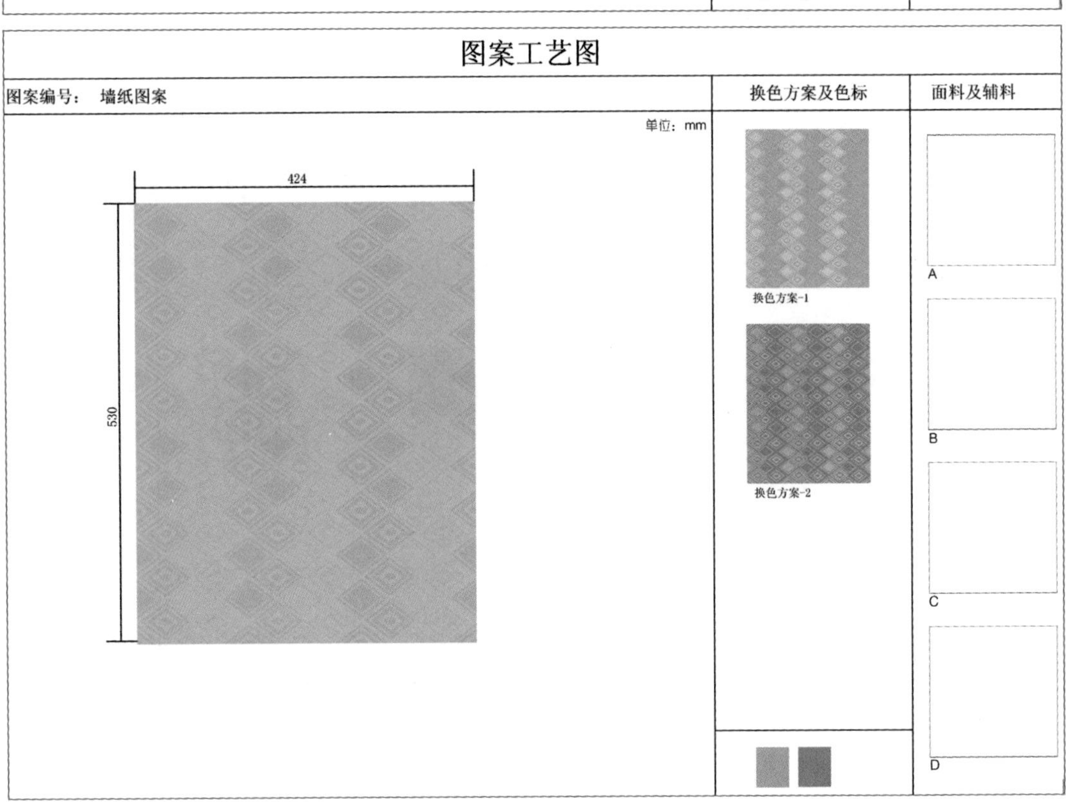

图案工艺图
图案编号： 墙纸图案
换色方案及色标
面料及辅料
单位：mm
424
530
换色方案-1
换色方案-2
A
B
C
D

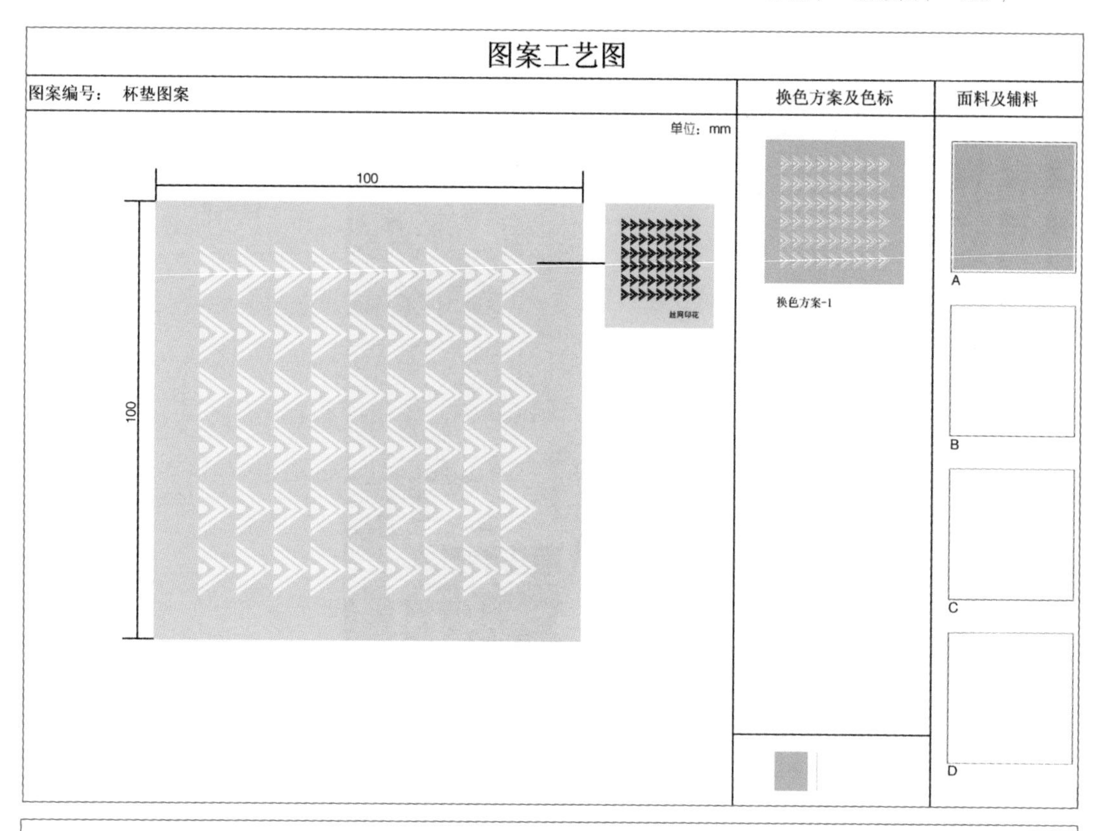
图案工艺图
图案编号：　杯垫图案
换色方案及色标
面料及辅料
单位：mm
100
100
丝网印花
换色方案-1
A
B
C
D

成品展示
THE FINISHED DISPLAY
展示效果

THE FINISHED DISPLAY 成品展示

▶ 组合展示效果

THE FINISHED DISPLAY 成品展示

▶ 组合展示效果

THE FINISHED DISPLAY 成品展示

▸ 组合展示效果

THE FINISHED DISPLAY 成品展示

▸ 组合展示效果

THE FINISHED DISPLAY 成品展示

▶ 局部细节展示

THE FINISHED DISPLAY 成品展示

▶ 局部细节展示

THE FINISHED DISPLAY 成品展示

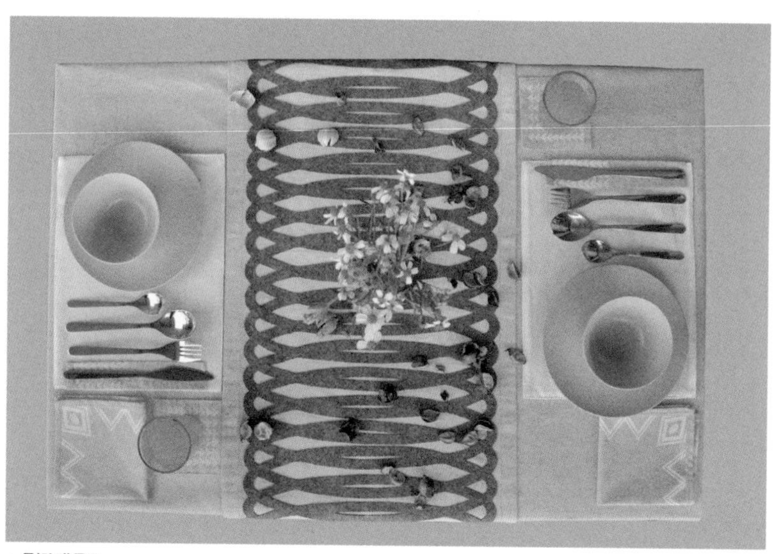

▶ 局部细节展示

附录

常见纺织品规格参考数据

以下是常见的纺织品尺寸，数据来自各大家纺品牌及网络资料。

1. 床品类（单位：cm）

抱枕：

30 × 45 / 30 × 50 / 40 × 40 / 42 × 42 / 43 × 43 / 45 × 45 / 48 × 48 / 50 × 50

靠枕：

40 × 50 / 40 × 60 / 45 × 45 / 48 × 48 / 48 × 58 / 50 × 50 / 50 × 60 / 55 × 55 / 60 × 60 / 65 × 65 / 70 × 70

枕头：

48 × 74 / 65 × 85 / 52 × 72 / 75 × 50

被套：

1.2m 床：150 × 220

1.5m 床：200 × 230 / 240 × 250

1.8m 床：220 × 240 / 220 × 250 / 260 × 270

2.0m 床：248 × 248

被单：

100 × 220 / 130 × 230 / 160 × 230 / 200 × 230 / 230 × 230 / 230 × 250 / 240 × 260 / 260 × 260

被子：

150 × 200 / 150 × 210 / 152 × 210 / 160 × 200 / 160 × 210 / 180 × 220 / 200 × 230 / 203 × 229 / 220 × 240 / 229 × 230

毛毯：

100 × 140 / 150 × 200 / 180 × 200 / 180 × 220 / 180 × 230 / 200 × 240 / 220 × 240 / 230 × 250 / 150 ×（200 ～ 220）/ 180 ×（200 ～ 220）

床单：

1.2m 床：190 × 245 / 200 × 230

1.5m 床：230 × 250 / 235 × 245 / 240 × 250 / 245 × 250 / 248 × 248

1.8m 床：235 × 245 / 245 × 270 / 248 × 270 / 250 × 270 / 260 × 270

2.0m 床：245 × 270 / 260 × 270

床笠：

0.9m 床：90 × 200

1.2m 床：120 × 200

1.5m 床：150 × 200 / 153 × 203

1.8m 床：180 × 200

床裙：

1.2m 床：120 × 200

1.5m 床：248 × 248 / 150 × 200

1.8m 床：180 × 200 / 260 × 270

床罩：

150 × 240 / 150 × 250 / 180 × 280 / 160 × 280

床盖：

1.5m 床：220 × 235 / 248 × 248 / 250 × 250

1.8m 床：235 × 250 / 260 × 280 / 250 × 280

2.0m 床：260 × 280

席子：

1.2m 床：230 × 250 / 120 × 200

1.5m 床：150 × 200

1.8m 床：180 × 200

水垫：

75 × 120 / 75 × 190 / 90 × 190 / 100 × 190 / 120 × 190 / 120 × 200 / 125 × 195 / 140 × 190 / 145 × 195 / 150 × 190 / 150 × 200 / 180 × 200

2. 窗帘类

帘头：高度为 30 / 所做窗帘高度的 25%，宽度为 1 :（1.8 ～ 2）

外帘：外帘布定高为 2.8 / 2.1m，宽度为 1 :（1.5 ～ 2），包边损耗 10 ～ 15

窗纱：外帘布定高为 2.8 / 2.1m，宽度为 1 : (1.5 ～ 2)，包边损耗 10 ～ 15

3. 家具覆饰类

沙发巾：

0.6m 宽：60 × 60 / 60 × 120 / 60 × 150 / 60 × 180 / 60 × 210

0.7m 宽：70 × 70 / 70 × 90 / 70 × 120 / 70 × 140 / 70 × 160 / 70 × 180 / 70 × 210

0.8m 宽：80 × 80 / 80 × 120 / 80 × 160 / 80 × 180 / 80 × 210 / 80 × 240

0.9m 宽：90 × 90 / 90 × 120 / 90 × 160 / 90 × 180 / 90 × 210 / 90 × 240

沙发罩（铺在沙发上）：

小单人：120 × 180

单人：180 × 180 / 200 × 200

双人：180 × 230 / 180 × 240 / 200 × 260

三人：180 × 280 / 200 × 300

四人：180 × 350 / 200 × 350

沙发坐垫：

单人：50 × 50 / 55 × 55

双人：50 × 100 / 55 × 110

三人：55 × 165

凳椅坐垫：

45 × 45 / 48 × 48

沙发套、凳椅套、家具罩套：不同的家具尺寸，罩套也不同，需要订做。

4. 墙面覆饰类

墙布：

137

墙纸：

小卷墙纸：53 × 1000

北美标准：52 × 1000

意大利：70 × 1000

日本：92 宽幅纸

欧美高档纯纸：68.5 × 820

韩国：106 × 1560

根据产地、功效的不同，壁纸的规格也有所不同。

国产壁纸、欧洲壁纸的规格普遍是 53cm × 10.5m / 卷、70cm × 10.5m / 卷，整卷销售，不零裁；1.06m × 50m / 卷，按延长米销售，可零裁。

日本壁纸的规格普遍是（92 ～ 120）× 50m / 卷，按延长米销售，可零裁。

韩国的壁纸规格普遍是 1.06m×15.6m / 卷 ，0.93m×17.5m / 卷，整卷销售，不零裁；0.53m×12.5m / 卷，整箱销售（每箱 20 卷）。

美国壁纸一般有三种规格：53cm×10.5m / 卷，整卷销售，不零裁；68.5cm×8.2m / 卷，整卷销售，不零裁；1.37m×27.5m / 卷，按平方米销售，可零裁。

国产的壁纸一般与欧美壁纸的规格相同。

韩国壁纸的规格一般有以下三种：92cm×17.75m / 卷，整卷销售，不零裁；1.06m×15m / 卷，整卷销售，不零裁；0.53m×12.5m，整箱销售（每箱 20 卷）。另根据上游供货商的不同，可零裁的壁纸可能会收取相关的费用。

5. 餐用纺织品类

圆形桌布：L=70 / 83 / 150 / 220

方形桌布：L=60 / 70 / 80 / 90 × 30n （8 ≥ n ≥ 2，n 无单位）

桌旗：28 / 33 ×（180 / 200 / 220 / 240 / 260）

餐垫：圆形：L=5n（6 ≥ n ≥ 3，n 无单位））

杯垫：10×10

餐巾：25×25

餐巾套：10×12×25 / 200 抽

6. 厨房用纺织品类

围裙：

围裙总长 115，裙面长 94，围裙腰部横宽 84，单侧系带长 81，腰围不限，脖带可以调节 / 围裙总长 85，平铺胸围 51×2 面 / 围裙总长 87（脖带可以调节长度），裙面长 62，围裙腰部横宽 75（不算系带），单侧系带长 76 / 围裙总长 92 左右，裙面长 79，围裙腰部展开横宽 70，单侧系带长 123 / 围裙总长 94，裙面长 78，平铺腰围 48×2 面 / 围裙总长 96，裙面长 83，平铺最大腰围

50×2 面 / 围裙总长 105，裙面长 85，平铺腰围 52×2 面 / 围裙总长 106，平铺腰围 56×2 面

隔热手套：

15×18 / 13×23 / 14×24 / 14×25 / 15×23 / 15×25(通用型)

15×26 / 15×28 / 16×29.5 / 17×30 / 18×24

隔热垫：

15×15 / 16×16 / 17×17 / 17.5×17.5 / 19×19 / 20×20

擦手巾：

28×28 / 26×50 / 30×30 / 34×36 / 30×40 / 35×35

购物袋：

28×35 / 30×36×9 / 32×42 / 32×40×8 / 35×40×12 / 37×42 / 38×39×12 / 38×42

7. 布艺陈设类

布艺相框：

5 寸：14×18 / 6 寸：16×21 / 7 寸：20×25 / 8 寸：23×28

布艺灯罩：

小号：上 18，下 30，高 18.5 / 中号：上 18.5，下 38，高 23 / 大号：上 23，下 44.5，高 27.5

小号：上 20，下 34，高 25.5 / 中号：上 27，下 42，高 28.5 / 大号：上 33，下 49.5，高 33

小号：上 15，下 30，高 20 / 中号：上 25，下 36，高 26 / 大号：上 26，下

43，高 30 / 特大：上 28，下 48，高 31

直径 14，高 15 / 直径 23，高 16.5 / 直径 28，高 24 / 直径 29，高 16 / 直径 29，高 17 / 直径 34，高 21.5 / 直径 34，高 33.5 / 直径 45，高 29.5 / 直径 55，高 36.5

布艺装饰画：

30 × 30 / 30 × 40 / 30 × 50 / 40 × 40 / 40 × 50 / 40 × 60 / 50 × 50 / 50 × 60 / 50 × 70 / 60 × 60 / 60 × 80 / 80 × 80 / 80 × 100

8. 收纳类

纸巾盒套：

方：12.5 × 12.5 × 12.5

圆：12.5

长：25 × 14 × 10 / 22 × 12.5 × 7.8

床底储物箱：

外部尺寸：80 × 40 × 16

鞋类收纳盒：

男鞋：30 × 20 × 12

女鞋：30 × 18 × 10

短靴：40 × 29 × 11

长靴：50 × 30 × 11

洗衣用袋：

大：50 × 60

中：40 × 50

小：30 × 40